essentials

essentials liefern aktuelles Wissen in konzentrierter Form. Die Essenz dessen, worauf es als „State-of-the-Art" in der gegenwärtigen Fachdiskussion oder in der Praxis ankommt. essentials informieren schnell, unkompliziert und verständlich

- als Einführung in ein aktuelles Thema aus Ihrem Fachgebiet
- als Einstieg in ein für Sie noch unbekanntes Themenfeld
- als Einblick, um zum Thema mitreden zu können

Die Bücher in elektronischer und gedruckter Form bringen das Expertenwissen von Springer-Fachautoren kompakt zur Darstellung. Sie sind besonders für die Nutzung als eBook auf Tablet-PCs, eBook-Readern und Smartphones geeignet. essentials: Wissensbausteine aus den Wirtschafts-, Sozial- und Geisteswissenschaften, aus Technik und Naturwissenschaften sowie aus Medizin, Psychologie und Gesundheitsberufen. Von renommierten Autoren aller Springer-Verlagsmarken.

Weitere Bände in der Reihe http://www.springer.com/series/13088

essentials liefern aktuelles Wissen in konzentrierter Form. Die Essenz dessen, worauf es als „State-of-the-Art" in der gegenwärtigen Fachdiskussion oder in der Praxis ankommt. *essentials* informieren schnell, unkompliziert und verständlich

- als Einführung in ein aktuelles Thema aus Ihrem Fachgebiet
- als Einstieg in ein für Sie noch unbekanntes Themenfeld
- als Einblick, um zum Thema mitreden zu können

Die Bücher in elektronischer und gedruckter Form bringen das Expertenwissen von Springer-Fachautoren kompakt zur Darstellung. Sie sind besonders für die Nutzung als eBook auf Tablet-PCs, eBook-Readern und Smartphones geeignet. *essentials:* Wissensbausteine aus den Wirtschafts-, Sozial- und Geisteswissenschaften, aus Technik und Naturwissenschaften sowie aus Medizin, Psychologie und Gesundheitsberufen. Von renommierten Autoren aller Springer-Verlagsmarken.

Weitere Bände in der Reihe http://www.springer.com/series/13088

Christoph Schäfer

Schnellstart Python

Ein Einstieg ins Programmieren für MINT-Studierende

Christoph Schäfer
Institut für Astronomie und Astrophysik
Eberhard Karls Universität Tübingen
Tübingen, Deutschland

ISSN 2197-6708 ISSN 2197-6716 (electronic)
essentials
ISBN 978-3-658-26132-0 ISBN 978-3-658-26133-7 (eBook)
https://doi.org/10.1007/978-3-658-26133-7

Die Deutsche Nationalbibliothek verzeichnet diese Publikation in der Deutschen Nationalbibliografie; detaillierte bibliografische Daten sind im Internet über http://dnb.d-nb.de abrufbar.

Springer Spektrum

Springer Spektrum ist ein Imprint der eingetragenen Gesellschaft Springer Fachmedien Wiesbaden GmbH und ist ein Teil von Springer Nature
Die Anschrift der Gesellschaft ist: Abraham-Lincoln-Str. 46, 65189 Wiesbaden, Germany

Was Sie in diesem *essential* finden können

Wir möchten Ihnen mit diesem *essential* die großartige Welt der Programmierung mit Python vorstellen und einen schnellen Einstieg zur eigenständigen Entwicklung von Skripten ermöglichen.

- Sie lernen die Grundideen und Prinzipien der Programmiersprache Python.
- Sie werden eigene Python-Programme entwickeln.
- Sie werden Python-Skripte anderer Programmierer verstehen, nach ihren Bedürfnissen anpassen und in Ihren Programmcode integrieren.
- Sie lernen speziell für Naturwissenschaftler und Data Scientists interessante Erweiterungen von Python kennen.
- Sie können aussagekräftige Diagramme und Grafiken mit Matplotlib erzeugen.

Inhaltsverzeichnis

1 Überblick über die Programmiersprache Python

Die Programmiersprache Python hat sich in den letzten Jahren neben MATLAB und R als Standard an naturwissenschaftlichen Arbeitsplätzen in Forschung und Entwicklung etabliert.

Die große Popularität von Python begründet sich in der leichten Erweiterbarkeit: So lassen sich sehr einfach Module von anderen Entwicklern in eigenen Skripten und Programmen verwenden. Insbesondere die Module NumPy, SciPy und Matplotlib bieten Naturwissenschaftlern und Ingenieuren eine perfekte Entwicklungsumgebung für Wissenschaftliches und Technisches Rechnen, für Anwendungen in der Physik, Chemie, Biologie und Informatik. Auch in den neuesten Applikation in den hochaktuellen Gebieten Big Data Science und Machine Learning kommt Python zum Einsatz.

Ursprünglich wurde Python zu Beginn der 1990er Jahre von Guido van Rossum in erster Version in seinem Weihnachtsurlaub entwickelt. Als Vorbild diente ihm die reine Lehrsprache ABC. Seine Hauptziele waren Übersichtlichkeit und einfache Verständlichkeit. Die erste Vollversion erschien 1994. Python wurde von van Rossum so konzipiert, dass es leicht durch Module erweiterbar ist, und die Sprache selbst auch leicht in andere Sprachen eingebettet werden kann. Da Python selbst eine klare Syntax verwendet und mit einfachen Strukturen programmiert werden kann, ist die Sprache besonders für Programmieranfänger geeignet und lässt sich vergleichsweise leicht erlernen.

Python Versionen 2 und 3

Python wurde bis vor kurzem in zwei verschiedenen Hauptversionen, die zueinander inkompatibel sind, entwickelt. Mit hoher Wahrscheinlichkeit werden Sie auf ältere Python-Skripte der Version 2 stoßen, sobald Sie auf ältere Arbeiten aufbauen.

C. Schäfer, *Schnellstart Python*, essentials,
https://doi.org/10.1007/978-3-658-26133-7_1

Generell überwiegt derzeit noch die Zahl der Projekte mit Python 2. Ein Zustand, der sich jedoch bis ins Jahr 2020 umgekehrt haben wird.

In diesem Springer *essential* legen wir den Fokus hauptsächlich auf Python Version 3. Falls Ihnen in Ihrer wissenschaftlichen Karriere ein älteres Python-Skript vorgelegt wird, wird Ihnen Ihr Wissen über Version 3 ausreichen, um dieses zu verstehen, und auch entsprechend Ihren Bedürfnissen abändern zu können.

Für neue Python-Projekte verwenden Sie ausschließlich die neue Version 3. Alle für die Naturwissenschaften interessanten Module liegen mittlerweile für Version 3 vor, während die Unterstützung für ältere Versionen endet. Als besonders wichtiges Beispiel dient das Matplotlib Modul, das in seiner neuesten Version nur noch für Python 3 vorliegt. Falls Sie jemanden überzeugen müssen, die neue Version 3 anstatt der veralteten Version 2.7 zu verwenden, argumentieren Sie mit folgenden Punkten

- Die Unterstützung für Python 2.7 läuft am 1. Januar 2020 aus. Die aktive Entwicklung von Python 2.7 endete Mitte 2010. Sämtliche Neuerungen sind nur in Version 3 enthalten und nur vereinzelt nach 2.7 zurückportiert worden.
- Python 3 hat eine bessere Unicodeunterstützung: Alle Textstrings sind standardmäßig Unicode.
- Wichtige Module unterstützen nur noch Version 3.

Weitere Neuerungen, auf die wir nicht detailliert eingehen, sind unter anderem eine andere Syntax für die `print` Funktion, die Verwendung von Views und Iteratoren anstatt von Listen, Änderungen für die Integer-Division. Die Verwendung der Version 2 ist nur in Einzelfällen gerechtfertigt. Der häufigste Einzelfall ist ein bereits in Version 2 vorhandenes Programm, für das eine Portierung zu aufwendig ist.

Installation von Python

2

Die wenigsten Anwender kompilieren Python direkt aus den Quelldateien von der zentralen Webseite des Python Projekts, sondern verwenden vorkompilierte Pakete, die teilweise bereits die wichtigen Module NumPy, SciPy und Matplotlib beinhalten. Im Folgenden wird die Installation für die gängisten Betriebssysteme beschrieben.

2.1 Windows

Für Windows Betriebssysteme bietet die Anaconda Suite eine in der Basisversion kostenlose Python-Installation mit über 1400 Paketen derzeit die am leichtesten zu installierende Python-Suite. Ein grafischer Installer kann für Versionen 2 und 3 von der Webseite der Anaconda Inc. bezogen werden. Die Standardinstallation beinhaltet alle für naturwissenschaftliche Anwendungen relevanten Module und darüber hinaus die Entwicklungsumgebung `spyder`.

2.2 Linux

In fast allen Linuxdistributionen sind die wichtigsten Python-Pakete für Versionen 2 und 3 über den jeweiligen Paketmanager der Distribution installierbar. Davon abgesehen steht auch die Anaconda Suite für Linux zur Verfügung, die Empfehlung ist aber distributionseigene Pakete zu verwenden. Der Aufruf zur Installation auf Debian-basierten Systemen ist

```
1 apt install python3 python3-numpy python3-scipy python3-matplotlib python3-
      spyder
```


C. Schäfer, *Schnellstart Python*, essentials,
https://doi.org/10.1007/978-3-658-26133-7_2

Etwaige Abhängigkeiten werden vom Paketmanager aufgelöst und alle Pakete entsprechend mitinstalliert.

2.3 macOS

Unter dem Betriebssystem macOS bestehen auch mehrere Möglichkeiten zur Installation. Zum einen kann auf die bereits oben angesprochene Anaconda Suite zurückgegriffen werden, zum anderen stehen die meisten Python-Pakete durch einen der bekannteren Open Source Paketmanager `fink`, `macports`, `homebrew` zur Verfügung. Die Installation des Python-Basispakets mittels `homebrew` ist beispielsweise

```
1 brew install python3
```

Mit Hilfe des Python-eigenen Paketmanagers `pip` (**Pip** **I**nstalls **P**ackages) können dann weitere Python-Pakete installiert werden

```
1 pip install numPy sciPy matplotlib
```

Bereits installierte Pakete werden mit dem Befehl `pip list` angezeigt.

3 Ausführen eines Python-Programms

Um generell ein Programm auf einem Computer ausführen zu können, muss der Programmcode einer höheren Programmiersprache, wie in unserem Fall Python, entweder direkt von einem Interpreter ausgeführt werden, oder vorher von einem Compiler in Maschinensprache übersetzt werden. Maschinensprache besteht aus Instruktionen, die vom Prozessor direkt ausgeführt werden. Der Unterschied zwischen einem Interpreter und einem Compiler ist hierbei, dass der Compiler eine neue Datei aus den Quelldateien erzeugt, während der Interpreter die Quelldateien liest und direkt zur Laufzeit ausführt. Es gibt einige Zwischenstufen zwischen Compiler und Interpreter, auf die wir nicht näher eingehen wollen. Im Grunde erzeugt der Python-Interpreter während der Ausführung des Programms auch sogenannten Bytecode mit der typischen Endung `.pyc`. Dies bringt erhebliche Geschwindigkeitsvorteile bei der Verwendung von Modulen, da bereits verwendete Module nicht neu interpretiert werden müssen, wenn sie schon im Bytecode Format vorliegen. Der Python-Interpreter prüft daher zuerst, ob sich die Quelldatei geändert hat, und erzeugt nur in diesem Fall neuen Bytecode.

Ein Python-Programm kann auf unterschiedliche Art und Weise gestartet werden. Der Python-Interpreter wird direkt auf der Kommandozeile aufgerufen, um interaktiv zu arbeiten. Generell wird man entweder mit seinem Lieblingstexteditor ein Python-Skript schreiben, um es danach auszuführen, oder gleich eine Entwicklungsumgebung wie `spyder` verwenden. Im Folgenden schauen wir uns die verschiedenen Möglichkeiten an.

C. Schäfer, *Schnellstart Python*, essentials,
https://doi.org/10.1007/978-3-658-26133-7_3

3.1 Python interaktiv

Unter Windows wird der Interpreter mit dem Aufruf `python.exe` aufgerufen, unter Linux und macOS mit dem Befehl `python` wenn nur die Version 3 installiert ist, ansonsten unter Umständen mit `python3`. Der Interpreter meldet sich direkt im Terminal mit der Version und wartet auf weitere Eingaben am sogenannten Python-Prompt >>>

```
1 $ python3
2 Python 3.6.6 (default, Jun 27 2018, 14:44:17)
3 [GCC 8.1.0] on linux
4 Type "help", "copyright", "credits" or "license" for more information.
5 >>>
```

Der interaktive Interpreter bietet sich auch als praktischer Taschenrechner auf der Kommandozeile an

```
1 >>> 3+12-2*(3-1)
2 11
3 >>> 2**2
4 4
5 >>> 2/3+4
6 4.666666666666667
```

In der Praxis wird der reine Interpreter nur für kurze Tests oder als Taschenrechnerersatz verwendet. Sobald ein Skript zur mehrmaligen Verwendung geschrieben wird, empfiehlt es sich, in einem Texteditor die Programmanweisungen zu schreiben und zu bearbeiten und es durch den Interpreter ausführen zu lassen. Ein Textfile `calc.py` mit dem Inhalt

```
1 print(3+12-2*(3-1))
2 print(2**2)
3 print(2/3+4)
```

erzeugt beim Aufruf durch den Interpreter unter Linux folgende Ausgabe

```
1 # das $ ist das Shell-Prompt und muss nicht eingegeben werden
2 $ python calc.py
3 11
4 4
5 4.666666666666667
```

Für Windows muss der Interpreter entsprechend aufgerufen werden

```
1 # Unter der Annahme, calc.py liegt im Rootverzeichnis des Laufwerks C:
2 C:\> python.exe C:\calc.py
3 11
4 4
5 4.666666666666667
```

Der einzige Unterschied zwischen Skript `calc.py` und dem interaktiven Aufruf ist die zusätzliche `print` Anweisung im Skript. Standardmäßig werden Rückgabewerte von Aufrufen nur im interaktiven Interpreter auf der Standardausgabe ausgegeben. Ohne den Aufruf der `print` Funktion würden wir keine Ausgabe der Ergebnisse im Terminal erhalten.

Das interaktive Arbeiten mit Python hat sich als so effizient herausgestellt, dass in der SciPy Community eine Erweiterung namens IPython (Interactive Python) entwickelt wurde. IPython ist jedoch mehr als ein erweiterter Kommandozeileninterpreter und entspricht eher schon einer kleinen integrierten Entwicklungsumgebung. IPython gehört nicht zur Standardpythoninstallation und muss gesondert installiert werden. Nützliche Erweiterungen gegenüber des gewöhnlichen Python-Kommandozeileninterpreters sind

- IPython bietet eine automatische Namensvervollständigung *(tab completion)* von Variablen, Funktionen, Klassen, Modulen.
- IPython unterstützt die gängigen Module zur Programmierung Graphischer User Interfaces (GUIs).
- Die Ausgabe ist farblich und ausführlicher als der Standardinterpreter.
- Einige Betriebssystemkommandos (`ls`, `cp`, ...) sind in der IPython-Kommandozeile verfügbar.

Im Zusammenspiel mit NumPy, SciPy und Matplotlib ist IPython das perfekte Werkzeug zur Datenprozessierung und Datenvisualisierung im naturwissenschaftlichen Bereich.

3.2 Entwicklungsumgebungen

Für größere Projekte und Skripte empfiehlt sich die Verwendung einer integrierten Entwicklungsumgebung (Integrated Development Environment, IDE). Es gibt eine Vielzahl an verschiedenen IDEs und die endgültige Wahl hängt stark von den persönlichen Präferenzen ab.

Die vollständig in Python geschriebene, plattformübergreifende Entwicklungsumgebung Spyder (Scientific PYthon Development EnviRonment) bietet sowohl für den Anfänger als auch fortgeschrittenen Programmierer alle benötigten Werkzeuge zur erfolgreichen Entwicklung: Ein integrierter Editor mit farbiger Syntaxhervorhebung und Autovervollständigung, einen Variablenexplorer, eine Python- oder gegebenenfalls IPython-Schnittstelle und einen Debugger.

Die populäre Entwicklungsumgebung Eclipse der Java Community kann mit der PyDev Erweiterung auch für die Python-Programmierung eingesetzt werden. Diese IDE empfiehlt sich Javaentwicklern.

Die kommerzielle Entwicklungsumgebung PyCharm von JetBrains bietet alles, was eine moderne Entwicklungsumgebung benötigt, und noch ein wenig mehr: PyCharm erlaubt die Installation von Python-Modulen und Plugins direkt aus dem graphischen Interface. Darüber hinaus gibt es eine graphische Schnittstelle zu allen derzeit gängigen Versionsverwaltungssystemen wie CVS, git, mercurial und subversion oder sogar der direkte Upload zu github. Ein für naturwissenschaftliche Anwendungen hilfreichendes Merkmal ist die direkte Anzeige und Einbindung von Graphiken und Plots. Neben der kommerziellen Version ist auch die kostenlose Community Version erhältlich, die aber leider weniger Features bietet. Für akademische Anwender, d. h. für Studenten und Dozenten, ist die kommerzielle Version kostenfrei nutzbar.

Als mittlerweile adäquate Alternative zu einer IDE verwenden viele naturwissenschaftliche Anwender jupyter notebook oder jupyterlab. Hierbei handelt es sich um eine Open-Source Webapplikation, die erlaubt Code, Gleichungen, Visualisierung und Textbausteine zu erstellen und zu teilen. So erlaubt jupyterlab zum Beispiel den direkten Export eines Dokuments in das in den Naturwissenschaften verwendeten Textsatzsystem LaTeX.

4 Die Grundstruktur eines Python-Programms

Wir beginnen mit dem typischen ersten Programm für jede Programmiersprache, dem Hello-World Programm. Folgender Quellcode (für Linux oder macOS) erzeugt bei einem Aufruf mit dem Interpreter die Ausgabe `Hello World` auf der Standardausgabe.

```
1 #!/usr/bin/env python
2 # -*- coding: utf-8 -*-
3
4 print("Hello World")
```

In der ersten Zeile taucht das Linux/Unix-typische Shebang `#!` auf. Daran erkennt das Betriebssystem, mit welchem Interpreter der Inhalt des Skriptes ausgeführt werden soll. Wenn Sie das Programm als `hw.py` abspeichern und mittels `chmod +x hw.py` ausführbar machen, können Sie es direkt ausführen, ohne dabei explizit wie unter Windows benötigt den Interpreter anzugeben: unter Linux/macOS `./hw.py` vs. `python.exe C:\hw.py` unter Windows. Die zweite Zeile im Skript teilt dem Python-Interpreter mit, in welcher Zeichensatzkodierung (encoding) (in diesem Fall utf-8) die Schriftzeichen kodiert sind. Diese Angabe ist im Falle von utf-8 unnötig, da dies der Standardzeichensatz ist. Schließlich kommt in der vierten Zeile des Skriptes die einzige Anweisung, die der Interpreter ausführt, die Ausgabe von `Hello World` auf der Standardausgabe. Hierbei ist `print` eine Python-Funktion und `Hello World` ein String-Objekt (ein String ist eine Sequenz von einzelnen Zeichen), das an die Funktion übergeben wird.

Python ist eine sogenannte strukturierte Programmiersprache. Das bedeutet, dass der Programmcode in Blöcke unterteilt werden kann. Um die einzelnen Blöcke zu kennzeichnen, werden in Python Einrückungen (indentations) verwendet. Das bedeutet zum einen, dass Python keine Schlüsselwörter oder Klammern zur

C. Schäfer, *Schnellstart Python*, essentials,
https://doi.org/10.1007/978-3-658-26133-7_4

Definition von Blöcken wie andere Sprachen benötigt, und zum anderen, dass der Code automatisch übersichtlicher und lesbarer wird. Wichtig beim Erstellen des Programmcodes ist dabei allerdings, dass Leerzeichen und Tabulatorzeichen vom Programmierer nicht gemischt verwendet werden. Als Standard hat sich etabliert: Eine Einrückungstiefe entspricht 4 Leerzeichen und Tabulatoren werden in Leerzeichen umgewandelt. Es empfiehlt sich, diesen Standard auch in den eigenen Skripten zu verwenden.

Lassen Sie uns ein komplizierteres Programm betrachten, das bereits fast alle Eigenschaften beinhaltet, die wir in den folgenden Kapiteln besprechen werden. Erstellen Sie eine Textdatei namens `plot_sinc.py` mit folgendem Inhalt

```
1  #!/usr/bin/env python
2  # -*- coding: utf-8 -*-
3
4  import sys
5
6  try:
7      import matplotlib.pyplot as plt
8      import numpy as np
9  except:
10     print("Cannot find necessary modules. Exiting.", file=sys.stderr)
11     sys.exit(1)
12
13
14 if len(sys.argv) != 2:
15     print("Usage: please provide the filename of the outputfile as "
16           "an argument.")
17     sys.exit(2)
18
19 outputfilename = sys.argv[1]
20
21 plt.style.use('dark_background')
22
23 x = np.arange(-17, 17, 0.01)
24 y = np.sin(x)/x
25
26 fig, ax = plt.subplots()
27
28 ax.plot(x, y, c='r')
29 ax.set_xlabel(r'$x$')
30 ax.set_ylabel(r'$f(x) = \frac{sin(x)}{x}$')
31
32 fig.savefig(outputfilename+'.pdf')
```

Rufen Sie nun das Skript mit einem Kommandozeilenparameter wie zum Beispiel `sinc`, der als Name der Ausgabedatei verwendet wird, auf. Nehmen wir zum Beispiel `sinc`, so finden Sie die die neu erzeugte Datei `sinc.pdf` im Verzeichnis, deren Inhalt einen Plot der Sinc-Funktion zeigt. Dieses Skript ist bereits deutlich komplexer als unser Hello-World Skript. Die ersten beiden Zeilen sind identisch, in Zeile 4 wird das `sys` Modul mit dem Schlüsselwort `import` geladen. Dieses Modul stellt wichtige Information über Systemkonstanten, Funktionen und Methoden des Python-Interpreters bereit. Als nächstes wird versucht mittels den Schlüsselwörtern try und except die beiden Module für die Matplotlib und NumPy zu laden. Falls diese Module nicht geladen werden können, wird die Ausgabe „Cannot find necessary modules. Exiting." auf der Standardfehlerausgabe ausgegeben und das Skript beendet sich mit dem Rückgabewert 1.

In Zeile 14 kommt eine bedingte Anweisung mit dem Schlüsselwort if. Wenn die Länge der Liste sys.argv nicht genau den Wert 2 beträgt, wird ein Hinweis ausgegeben und das Programm beendet sich mit dem Rückgabewert 2. Die Liste sys.argv beinhaltet als Elemente die Kommandozeilenargumente, mit denen der Python-Interpreter aufgerufen wurde, wobei das erste Element den Namen des Skriptes selbst enthält. Die Funktion len() gibt als Rückgabewert die Anzahl der Elemente des Arguments zurück und wir verwenden sie, um zu überprüfen, ob das Skript mit dem benötigten Parametern aufgerufen wurde. In Zeile 19 können wir sicher sein, dass die Liste sys.argv zwei Einträge besitzt und setzen den Namen der Ausgabedatei auf den zweiten Eintrag der Liste. In Zeile 21 wird die Funktion matplotlib.pyplot.style.use des Moduls matplotlib mit dem String-Objekt 'dark_background' als Argument aufgerufen. In Zeilen 23 und 24 werden Funktionen aus dem NumPy Modul aufgerufen und zwei NumPy-Arrays initialisiert. Die Funktion numpy.arange(<min>, <max>, <step>) gibt als Rückgabewert ein NumPy-Array mit den Werten von <min> bis <max> mit der Schrittweite <step> zurück. Die NumPy-Funktion numpy.sin() berechnet den Sinuswert des Arguments, in diesem Falle für alle Elemente des NumPy-Arrays x und gibt als Rückgabewert ein NumPy-Array mit diesen Werten. Die Zeile 26 initialisiert unseren Plot mit der Funktion matplotlib.pyplot.subplots() der Matplotlib, die die beiden Objekte matplotlib.figure.Figure und matplotlib.axes.Axes zurückgibt. Letzteres Objekt verwenden wir in den folgenden Zeilen zum Plotten der Werte in den beiden NumPy-Arrays x und y mit der plot Funktion des Objektes. Mit dem Parameter c='r' setzen wir dabei die Linienfarbe auf rot. Die Achsenbeschriftung ist über die beiden Funktionen set_xlabel und entsprechend set_ylabel möglich. Die letzte Zeile sorgt dafür, dass der Plot im Portable Data Format (PDF) in der Datei sinc.pdf abgespeichert wird. Sie sehen, bereits mit wenigen Zeilen Python-Code können ausdrucksvolle Diagramme erzeugt werden.

5 Datentypen, Variablen, Listen, Strings, Dictionaries und Operatoren

Die Programmiersprache Python unterscheidet die unterschiedlichen Datentypen Zahlen, Listen, Tupel, Strings, Dictionaries und Mengen. Als Hauptmerkmal und größter Unterschied zu anderen Programmiersprachen wie C oder C++ erfolgt in Python die Typzuweisung während der Laufzeit des Programms und Variablentypen müssen nicht deklariert werden. Man spricht von dynamischer Typisierung, bei der der Typ der Variablen automatisch bei der Zuweisung eines Wertes gesetzt wird. Im engeren Sinne gibt es in Python keine klassischen Variablentypen, sondern Variablen sind Objekte eines bestimmten Typs.

5.1 Numerische Datentypen `int` und `float`, `bool` und `complex`

Im interaktiven Python-Interpreter erzeugt folgende Anweisung

```
1 >>> i = 42
```

ein Objekt der Klasse `int` mit dem Namen `i` und weist ihm den Wert `42` zu. Allgemein spricht man von einer Ganzzahlvariablen `i` des Datentypes `int`, aber da in Python alles ein Objekt ist, ist diese Sprechweise streng genommen falsch. Die Funktion `type()` kann verwendet werden, um den Typ einer Variablen zu erfahren

```
1 >>> i = 42
2 >>> type(i)
3 <class 'int'>
4 >>> f = 17.0
5 >>> type(f)
6 <class 'float'>
```


C. Schäfer, *Schnellstart Python*, essentials,
https://doi.org/10.1007/978-3-658-26133-7_5

Die Zuweisung (mit dem Zuweisungsoperator =) in Zeile 1 erzeugt ein neues Objekt der Klasse `int` mit dem Namen `i`. Steht auf der rechten Seite des Zuordnungsoperators eine Fließkommazahl, die sich durch das Dezimalzeichen auszeichnet, wie in Zeile 4, so wird automatisch ein Objekt der Klasse `float` erzeugt. Während die maximal darstellbare Ganzzahl in Python der Version 2 noch durch 64 Bit beschränkt war, ist der Wert in Python Version 3 nicht mehr nach oben begrenzt

```
1 >>> 2**1024
2 17555597020139803786418996003799069664238056434983462624358406363059
3 83162163095343092856223851636093956251112108119075758386618836078287
4 32903171318983861449587663958422720200465138886329341888788528401320
5 39551344613100652572506140768936827201252659879233448309041630687494
6 84823617965979539407776656486563848
```

Neben der `type`-Funktion ist die `id()`-Funktion wichtig für den Umgang mit Objekten und Variablen. Jedes Objekt erhält eine eigene Ganzzahl, die für die Laufzeit des Programms garantiert eindeutig und konstant ist. Die `id()`-Funktion gibt den Wert dieser Ganzzahl zurück.

```
1 >>> i = 42
2 >>> id(i)
3 10920224
4 >>> j = i
5 >>> id(j)
6 10920224
7 >>> j = 42+1
8 >>> id(j)
9 10920256
```

In Zeile 4 wird das Objekt `j` der Klasse `int` erzeugt und auf die Variable `i` referenziert. Die beiden Objekte zeigen auf den selben Speicherbereich und haben daher die selbe `id`. Es handelt sich um ein und dasselbe Objekt. Durch die Zuweisung in Zeile 7 wird ein neues Objekt mit dem Namen `j` der Klasse `int` erzeugt, welches auch eine eigene `id` erhält. Um zu überprüfen, ob zwei Objekte identisch sind, steht der `is` Operator zur Verfügung. Um festzustellen, ob zwei Objekte den gleichen Wert besitzen, muss der == Operator verwendet werden. Im folgenden Beispiel mit dem interaktiven Python-Interpreter wird der Unterschied zwischen den beiden Operatoren veranschaulicht

```
1 >>> i = 512
2 >>> j = 512
3 >>> i == j
4 True
5 >>> i is j
6 False
7 >>> id(i)
8 140111062575088
9 >>> id(j)
10 140111062573456
11 >>> i = j
12 >>> i is j
13 True
14 >>> id(i)
15 140111062573456
```

Zuerst werden zwei `int` Objekte erzeugt, die beide den selben Wert 512 haben. Der Vergleich der beiden Werte mit dem == Operator gibt daher den Rückgabewert `True`. Da die beiden Objekte aber nicht identisch sind, d. h. zwei verschiedene Objekte mit je eigenem Speicherbereich ergibt der Test auf Gleichheit der Objekte mit dem Operator `is` `False` zurück. In Zeile 11 erstellen wir nun explizit eine neue Referenz `i` auf das `int` Objekt `j`. Die selbe Stelle im Speicher wird referenziert und die beiden Objekte sind damit identisch, der Operator `is` gibt `True` zurück. Die Eigenschaften der beiden Operatoren sind in Tab. 5.1 angegeben.

Während Ganzzahlvariablen in Python Version 3 eine unbegrenzte Länge annehmen können, ist der Wertebereich für Fließkommazahlen mit 64 Bit begrenzt. Die größte darstellbare Zahl ist ungefähr 1.8×10^{308}. Alle Zahlen größer als dieser Wert werden mit `inf` bezeichnet

```
1 >>> f = 1.79e308
2 >>> print(f)
3 1.79e+308
4 >>> f = 1.8e308
5 >>> print(f)
6 inf
```

Tab. 5.1 Die Operatoren zur Überprüfung von Identität und Gleichheit

Operator	Funktion
is	Prüft auf Gleichheit der Objekte, Objekte referenzieren den selben Speicherbereich
==	Prüft auf Gleichheit der Werte der Objekte, die Werte am jeweiligen Ort des Speicherbereichs sind gleich

Die kleinste darstellbare Zahl größer als Null ist 5×10^{-324}. Alle Zahlen zwischen 0 und dieser Zahl werden effektiv als 0 betrachtet.

```
1 >>> not_zero = 5e-324
2 >>> print(not_zero)
3 5e-324
4 >>> not_zero = 5e-325
5 >>> print(not_zero)
6 0.0
```

Python erlaubt auch das Rechnen mit komplexen Zahlen. Der Datentyp `complex` wird in der Syntax (Realteil + `j` *Imaginärteil) verwendet

```
1 >>> c = 1 + 2j
2 >>> type(c)
3 <class 'complex'>
4 >>> c2 = 2 + 3j
5 >>> c + c2
6 (3+5j)
```

Darüber hinaus stellt Python noch die Klasse `bool` zur Verfügung, deren Wertebereich durch falsch (`False`) oder wahr (`True`) gegeben ist.

```
1 >>> var = True
2 >>> type(var)
3 <class 'bool'>
```

Speziell für bedingte Anweisungen ist es wichtig zu wissen, was in Python als `True` bzw. `False` gilt. Folgende Ausdrücke werden in Python als falsch interpretiert: der Wert `False`, der spezielle Wert `None`, ein leerer String, eine leere Liste, ein leeres Dictionary, ein leeres Tupel und explizite numerische Nullwerte wie 0, 0.0. Dagegen ist alles was nicht `False` ist in Python `True`, insbesondere der nicht-leere String `"0"` im Gegensatz zum numerischen Wert 0

```
1 >>> var = '0'
2 >>> type(var)
3 <class 'str'>
4 >>> if (var): print("True value", var)
5 True Value 0
```

Die Wertebereiche der numerischen Datentypen sind in Tab. 5.2 aufgeführt.

Tab. 5.2 Numerische Datentypen und ihr Wertebereich

Objekt	Genauigkeit und Wertebereich
`int`	Wertebereich nicht limitiert
`float`	64 bit double precision, nach IEEE 754 Standard
`bool`	`True` und `False`
`complex`	Komplexe Zahlen mit Real- und Imaginärteil

5.2 Sequentielle Datentypen

Unter sequentiellen Datentypen verstehen wir Typen, die mehrere Elemente enthalten. Hierzu zählen Listen, Tupel und Strings. NumPy erweitert diese Liste um den überaus nützlichen Datentyp `numpy.array`, den wir später noch ausgiebig betrachten werden. Der vielseitigste sequentielle Datentyp ist die Liste (`list`): Eine Liste kann Elemente unterschiedlichster Datentypen enthalten und kann nach ihrer Erstellung verändert werden (`mutable`). Ein Element einer Liste kann wiederum eine Liste selbst sein. Die Liste ist der mächtigste sequentielle Datentyp und Python erlaubt vielfältige Operationen und Methoden auf Listen. Die wichtigsten Operatoren für sequentielle Datentypen sind in Tab. 5.3 aufgeführt. Oft werden die Vorteile von Listen nicht benötigt und es muss mehr auf Schnelligkeit oder Speicherbedarf geachtet werden. In diesen Fällen werden Tupel anstelle von Listen verwendet. Im Gegensatz zur Liste ist der sequentielle Datentyp Tupel (`tuple`) nach Erstellung nicht mehr veränderbar (`immutable`). Wichtig ist zu verstehen, dass sich zwar das

Tab. 5.3 Die wichtigsten Operationen für sequentielle Datentypen

Syntax	Operation
`a[i]`	Gibt `i`tes Element von Sequenz `a` zurück
`a[i:j]`	Gibt den Bereich `i`tes bis `(j-1)`tes Element von Sequenz `a` zurück
`a[i:j:k]`	Gibt den Bereich `i`tes bis `(j-1)`tes Element in Schritten von `k` von Sequenz `a` zurück
`a+b`	Verkettung von `a` und `b`, Rückgabe ist neue Datensequenz
`a+=b`	Fügt `b` an `a` an
`n*a`	Erzeugt neue Datensequenz mit `n`-fachem Inhalt
`e in a`	Prüft ob `e` in `a` enthalten ist, Rückgabewert `True` oder `False`
`e not in a`	Prüft ob `e` nicht in `a` enthalten ist, Rückgabewert `True` oder `False`

Tupel nicht mehr ändern lässt, falls aber ein Element eines Tupels eine Liste ist, so können sich die Elemente dieser Liste wiederum ändern. Mit anderen Worten, die Elemente eines Tupels sind Referenzen, die nicht mehr geändert werden können, zeigt die Referenz aber auf ein `mutable` Objekt, so kann sich das Objekt ändern und auch das Element im Tupel. Dies verdeutlicht das folgende Beispiel

```
1  >>> b = []          # Erzeuge die leere Liste b
2  >>> a = (1,2,b)     # Erzeuge das Tupel a mit den Elementen 1, 2 und b
3  >>> type(a)
4  <class 'tuple'>
5  >>> type(b)
6  <class 'list'>
7  >>> a
8  (1, 2, [])
9  >>> b.append(10)  # haenge 10 an die Liste b an
10 >>> b
11 [10]
12 >>> a
13 (1, 2, [10])        # a[2] hat sich veraendert
```

Das sogenannte `slicing`, mit dem Bereiche aus sequentiellen Datentypen angesprochen werden können, ermöglicht ein schnelles und komfortables Arbeiten mit Listen (und auch Tupeln). Wir erzeugen zuerst eine Liste mit Planeten in unserem Sonnensystem als Summe der beiden Listen `inner_planets` und `outer_planets`

```
1 >>> inner_planets = ['Mercury', 'Venus', 'Earth', 'Mars']
2 >>> outer_planets = ['Jupiter', 'Saturn', 'Uranus', 'Neptune', 'Pluto']
3 >>> solar_system = inner_planets + outer_planets
4 >>> print(solar_system)
5 ['Mercury', 'Venus', 'Earth', 'Mars', 'Jupiter', 'Saturn', 'Uranus', '
      Neptune', 'Pluto']
6 >>> solar_system[0:4]              # die ersten vier Planeten
7 ['Mercury', 'Venus', 'Earth', 'Mars']
8 >>> 'Pluto' in solar_system        # Ist Pluto ein Planet?
9 True
```

Wir können die Liste invertieren oder nur jeden zweiten Planet ausgeben lassen

```
1 >>> solar_system[::-1]       # gebe die Liste rueckwaerts aus
2 ['Neptune', 'Uranus', 'Saturn', 'Jupiter', 'Mars', 'Earth', 'Venus', '
      Mercury']
3 >>> solar_system[::2]        # gebe nur jedes zweite Element der Liste aus
4 ['Mercury', 'Earth', 'Jupiter', 'Uranus']
```

Da wir offensichtlich einen Fehler gemacht haben und Pluto kein Planet mehr ist, erzeugen wir eine neue Liste ohne das letzte Element

```
1 >>> solar_system = solar_system[:-1] # Erzeuge neue Liste ohne letztes
      Element
2 >>> 'Pluto' in solar_system           # Ist Pluto ein Planet?
3 False
```

Hierbei wird eine neue Liste (mit einer neuen `id`) generiert. Alternativ können wir auch eine Methode der Liste verwenden um ein Element zu entfernen

```
1 >>> solar_system = inner_planets + outer_planets
2 >>> solar_system.remove('Pluto')
3 >>> print(solar_system)
4 ['Mercury', 'Venus', 'Earth', 'Mars', 'Jupiter', 'Saturn', 'Uranus', '
      Neptune']
```

Der Vorteil dieser Version ist, dass keine neue Liste erzeugt wird, sondern nur ein Element aus der Liste entfernt wird, was deutlich schneller ist, als eine komplett neue Liste zu erzeugen, die ein Element weniger besitzt. Hätten wir anstatt einer Liste ein Tupel für unser Sonnensystem gewählt, wäre das Entfernen von Pluto nicht möglich gewesen, da das Tupel Objekt keine Methode zum Entfernen von Elementen bereitstellt

```
1 >>> solar_system = ('Mercury', 'Venus', 'Earth', 'Mars', 'Jupiter', 'Saturn'
      , 'Uranus', 'Neptune', 'Pluto')
2 >>> print(solar_system)
3 ('Mercury', 'Venus', 'Earth', 'Mars', 'Jupiter', 'Saturn', 'Uranus', '
      Neptune', 'Pluto')
4 >>> solar_system.remove('Pluto')
5 Traceback (most recent call last):
6   File "<stdin>", line 1, in <module>
7 AttributeError: 'tuple' object has no attribute 'remove'
```

Der Python-Interpreter weist uns dezent darauf hin, dass unser Objekt `tuple` kein Attribut `remove` bereitstellt. Wir können auch nicht einfach den Namen des letzten Planeten ändern und etwa auf einen leeren Wert setzen

```
1 >>> solar_system = ('Mercury', 'Venus', 'Earth', 'Mars', 'Jupiter', 'Saturn'
      , 'Uranus', 'Neptune', 'Pluto')
2 >>> solar_system[8] = ''   # Setze 9. Element auf leeren String
3 Traceback (most recent call last):
4   File "<stdin>", line 1, in <module>
5 TypeError: 'tuple' object does not support item assignment
```

denn die Elemente eines Tupels sind `immutable`.

List-Objekte bieten außer `remove` viele nützliche Methoden, die die Arbeit erleichtern. Wir wollen uns dies in den folgenden Beispielen veranschaulichen. Um einer Liste ein Element hinzuzufügen, wird `append()` verwendet

```
1 >>> some_galaxies = ['milky way', 'andromeda', 'm82']
2 >>> ngc3109_group = ['ngc3109', 'sextans_a', 'sextans_b', 'pgc_29194']
3 >>> some_galaxies.append('m83')    # fuege m83 zur Liste hinzu
4 >>> some_galaxies.append(ngc3109_group) # fuege die Liste ngc3109_group
      hinzu
5 >>> print(some_galaxies)
6 ['milky way', 'andromeda', 'm82', 'm83', ['ngc3109', 'sextans_a', 'sextans_b
      ', 'pgc_29194']]
```

Leider haben wir uns so im letzten Schritt eine Liste innerhalb einer Liste erstellt, da wir der Liste `some_galaxies` die Liste `ngc3109_group` angehängt haben. Wollen wir statt dessen nur die Elemente dieser Liste anhängen, so müssen wir die List-Objektfunktion `extend()` verwenden

```
1 >>> some_galaxies = ['milky way', 'andromeda', 'm82']
2 >>> ngc3109_group = ['ngc3109', 'sextans_a', 'sextans_b', 'pgc_29194']
3 >>> some_galaxies.append('m83')    # fuege m83 zur Liste hinzu
4 >>> some_galaxies.extend(ngc3109_group) # fuege die Elemente der Liste
      ngc3109_group hinzu
5 >>> print(some_galaxies)
6 ['milky way', 'andromeda', 'm82', 'm83', 'ngc3109', 'sextans_a', 'sextans_b'
      , 'pgc_29194']
```

Weitere hilfreiche Methoden sind `insert()` um ein Element an einer bestimmten Stelle einzufügen, `clear()` um alle Elemente einer Liste zu entfernen, `count(e)` um die Anzahl des Auftretens von Elementwert `e` in der Liste zu zählen, `index(e[,start[,end]])`, um den Index des ersten Auftretens eines Elementes in einer Liste zu finden, wobei die optionalen Argumente `start` und `end` die Suchindizes eingrenzen.

Eine besonders wichtige List-Objektfunktion ist die `copy()`-Funktion. Betrachten wir folgenden Programmcode, bei dem eine Referenz auf eine Liste von Galaxien erzeugt wird

```
1 >>> some_galaxies = ['milky way', 'andromeda', 'm82']
2 >>> sg = some_galaxies # erzeuge eine Referenz sg die some_galaxies
      referenziert
3 >>> sg.remove('m82')    # entferne m83 aus der Liste sg
4 >>> print(some_galaxies)
5 ['milky way', 'andromeda']    # Ups! Das wollten wir nicht
```

Da das Objekt `sg` identisch zum Objekt `some_galaxies` ist (überprüfen Sie dies mit der `id()`-Funktion), haben wir mit der `remove()`-Funktion auch die Liste `some_galaxies` geändert. Erst wenn wir explizit ein neues List-Objekt `sg` erzeugen, können wir dessen Elemente verändern ohne dabei `some_galaxies` zu modifizieren. Hierzu benötigen wir ein sogenanntes `shallow copy`, welches wir durch die `copy()`-Funktion erhalten.

```
1 >>> some_galaxies = ['milky way', 'andromeda', 'm82']
2 >>> sg = some_galaxies.copy() # erzeuge ein neues Objekt sg mit dem Inhalt
      von some_galaxies
3 >>> sg.remove('m82')    # entferne m83 aus der Liste sg
4 >>> print(sg)
5 ['milky way', 'andromeda']
6 >>> print(some_galaxies)
7 ['milky way', 'andromeda', 'm82']    # some_galaxies ist unveraendert
```

Eine alternative Notation für ein `shallow copy` ist auch folgende Zuweisung

```
1 >>> sg = some_galaxies[:] # erzeuge ein neues Objekt sg mit dem Inhalt von
      some_galaxies
```

Eine weitere Besonderheit beim Kopieren von Objekten besteht, wenn diese Objekte wiederum andere Objekte referenzieren. Nehmen wir zum Beispiel eine Liste, deren Elemente wiederum Listen sind. Wir generieren unser Sonnensystem aus den beiden Listen `inner_planets` und `outer_planets`

```
1 >>> solar_system = [inner_planets, outer_planets]
2 >>> print(solar_system)
3 [['Mercury', 'Venus', 'Earth', 'Mars'], ['Jupiter', 'Saturn', 'Uranus', '
      Neptune', 'Pluto']]
```

Nun erzeugen wir eine neue Liste mit Referenz auf diese Liste durch ein `shallow copy`

```
1 >>> old_solar_system = solar_system[:]
2 >>> old_solar_system is solar_system
3 False                              # die beiden Objekte sind nicht
      identisch
```

Was passiert nun mit dem Inhalt der Liste `old_solar_system` wenn wir Pluto aus `solar_system` entfernen?

```
1 >>> solar_system[1].remove('Pluto')  # Pluto aus der Liste entfernen
2 >>> print(old_solar_system)
3 [['Mercury', 'Venus', 'Earth', 'Mars'], ['Jupiter', 'Saturn', 'Uranus', '
      Neptune']]
```

Auch in der `old_solar_system` Liste wurde Pluto entfernt. Der Grund ist, dass die beiden List-Elemente von `solar_system` wiederum selbst Listen sind und Referenzen beinhalten. Wir haben bei der Erzeugung von `old_solar_system` diese Referenzen kopiert und nicht die Werte in den Speicherbereichen, die referenziert werden. Man sieht das bei Anwendung der `id()`-Funktion

```
1 >>> old_solar_system is solar_system
2 False
3 >>> old_solar_system[1] is solar_system[1]
4 True
```

Das heißt, die per `shallow copy` kopierte Liste ist zwar eine Kopie und keine Referenz, aber die Elemente dieser Liste sind weiterhin Referenzen und keine Kopien. Um tatsächlich auch echte Kopien und keine Referenzen in den List-Elementen zu erhalten, müssen wir ein sogenanntes `deep copy` durchführen. Python stellt dazu das Modul `copy` zur Verfügung.

```
1 >>> import copy
2 >>> old_solar_system = copy.deepcopy(solar_system)
3 >>> old_solar_system[1] is solar_system[1]
4 False
5 >>> solar_system[1].remove('Pluto')    # entferne Pluto aus outer_planets
6 >>> print(old_solar_system)            # old_solar_system bleibt davon
      unbeeinflusst
7 [['Mercury', 'Venus', 'Earth', 'Mars'], ['Jupiter', 'Saturn', 'Uranus', '
      Neptune', 'Pluto']]
```

In der Praxis ist das Phänomen, ein `shallow copy` zu vergessen und nur Referenzen bei Zuweisungen zu erzeugen, weit häufiger als Probleme, für die ein `deep copy` benötigt wird. Es empfiehlt sich aber beim Arbeiten mit Listen immer zu überlegen ob man Werte oder Referenzen verändern will.

Ein weiterer sequentieller Datentyp neben Tupel und Liste ist der String, bzw. die Zeichenkette. Der String ist eine spezielle Liste, deren Elemente einzelne Zeichen sind. Strings werden in Python über einzelne und doppelte Anführungszeichen. Sind die Zeichenkette länger als eine Zeile, müssen drei doppelte Anführungszeichen verwendet werden

```
 1 >>> planet1 = 'Earth'          # single quotes
 2 >>> planet2 = "Mars"           # double quotes
 3 >>> # nun ueber mehrere Zeilen
 4 >>> very_long_string = """
 5 ... Earth
 6 ... Mars"""
 7 >>> print(planet1, planet2, very_long_string)
 8 Earth Mars
 9 Earth
10 Mars
11 >>> type(planet1)
12 <class 'str'>
```

Strings in Python sind wie Tupel nicht veränderbar (immutable), auf einzelne Elemente eines Strings kann mit eckigen Klammern wie bei Listen zugegriffen werden, wobei auch slicing verwendet werden kann

```
1 >>> planet1[0] = 'D'
2 Traceback (most recent call last):
3   File "<stdin>", line 1, in <module>
4 TypeError: 'str' object does not support item assignment
5 >>> print(planet1[0])
6 E
7 >>> print(planet1[0:3])
8 Ear
```

Strings lassen sich leicht zusammenfügen und sogar mit Integer-Werten multiplizieren

```
1 >>> print(planet1+planet2)
2 EarthMars
3 >>> print(3*planet2)
4 MarsMarsMars
```

Die String-Objektklasse besitzt einige Methoden, die das Arbeiten mit Zeichenketten in Python sehr komfortabel gestaltet und die wir anhand den folgenden Beispielen veranschaulichen wollen

```
1 >>> planet = 'Earth'
2 >>> print(planet.lower(), planet.upper())   # Kleinbuchstaben,
      Grossbuchstaben
3 earth EARTH
4 >>> print(planet.replace('Ear', 'Mouth'))   # Ersetzt Teile des Strings
5 Mouthth
6 >>> '---'.join(outer_planets)      # Fuege Strings mit '---' zu einem String
      zusammen
7 'Jupiter---Saturn---Uranus---Neptune'
8 >>> planet.find('rt')     # Suche nach dem String 'rt' in planet
9 2                         # gibt den Index zurueck, bei dem der String
      gefunden wurde
10 >>> planet.find('x')
11 -1                       # oder -1 falls der String nicht enthalten ist
```

Insbesondere mit dem Modul `re` für reguläre Ausdrücke bietet Python ein mächtiges Werkzeug zum Arbeiten mit Zeichenketten.

Python erlaubt durch sogenannte Listen-Abstraktion `list comprehension` die elegante Erzeugung von Listen aus bereits bestehenden Listen

```
1 >>> planet_letters = [ each_letter for each_letter in "Earth"]
2 >>> print(planet_letters)
3 ['E', 'a', 'r', 't', 'h']
```

Dies ist besonders hilfreich mit numerischen Werten

```
1 >>> x = [ 0, 1, 2, 3, 4, 5, 6, 7, 8, 9, 10 ]
2 >>> xsquared = [ x**2 for x in x ]
3 >>> print(xsquared)
4 [0, 1, 4, 9, 16, 25, 36, 49, 64, 81, 100]
```

5.3 Dictionaries

Dictionaries bestehen aus Schlüssel-Wert Paaren (`key-value pairs`). Der Schlüssel kann im Prinzip jedes beliebige unveränderliche (immutable) Python-Objekt sein, ist am im Normalfall entweder ein String oder ein Integer-Wert. Der zum Schlüssel zugehörige Wert kann ein beliebiges Python-Objekt sein. Im folgenden Beispiel sind die Dichten der einzelnen Planeten in einem Dictionary hinterlegt und es werden Fließkommazahlen und eine Zeichenkette als Werte verwendet. Für Dictionaries werden geschweifte Klammern `{}` verwendet.

```
1 >>> density = { 'units' : 'g/ccm', 'Mercury' : 5.43, 'Venus' : 5.24, 'Earth'
        : 5.51, 'Mars' : 3.93 }
```

Auf die einzelnen Elemente kann durch den jeweiligen Schlüssel oder die laufende Nummer des Schlüssels zugegriffen werden

```
1 >>> print(density['Earth'], density['units'])  # Auswahl ueber key
2 5.51 g/ccm
```

Das Dictionary-Objekt besitzt Methoden, um alle Schlüssel und Werte auszugeben, oder über Schlüssel und Werte zu iterieren.

```
1 >>> print(density.keys())
2 dict_keys(['units', 'Mercury', 'Venus', 'Earth', 'Mars'])
3 >>> print(density.values())
4 dict_values(['g/ccm', 5.43, 5.24, 5.51, 3.93])
```

Um Einträge zu löschen verwendet man das Schlüsselwort `del`

```
1 >>> del(density['Earth']) # loesche Eintrag mit Schluessel 'Earth'
2 >>> print(density)
3 {'units': 'g/ccm', 'Mercury': 5.43, 'Venus': 5.24, 'Mars': 3.93}
```

Oft möchte man aus zwei Listen ein Dictionary erzeugen, dessen Schlüssel Elemente der einen Liste und dessen Werte Elemente der zweiten Liste sind. Hierzu dient die Funktion `zip()`, die wie ein Reißverschluss die beiden Listen zu einem Dictionary zusammenfügen kann.

```
1 >>> planets = ['Mercury', 'Venus', 'Earth', 'Mars']    # Liste der inneren
      Planeten
2 >>> densities = [ 5.43, 5.24, 5.51, 3.93]    # Liste der Dichten
3 >>> density = dict(zip(planets,densities))   # erzeuge dictionary aus einem
      zip Objekt
4 >>> density['units'] = 'g/ccm'               # fuege fehlendes Paar hinzu
5 >>> print(density)
6 {'Mercury': 5.43, 'Venus': 5.24, 'Earth': 5.51, 'Mars': 3.93, 'units': 'g/
      ccm'}
```

5.4 Mengen

Der Vollständigkeit halber wollen wir Python Mengen `set()` erwähnen. Ähnlich wie der Mengenbegriff in der Mathematik, kann ein `set` beliebige Elemente beinhalten, wobei keine Reihenfolge der Elemente gegeben ist. Elemente können jedoch nur einmal in einer Menge vorkommen. Ein `set` wird wie ein Dictionary über geschweifte Klammern oder alternativ über die Funktion `set()` definiert. Leere geschweifte Klammern erzeugen ein leeres `dict`, kein leeres `set`. Python unterstützt für Mengen einige mathematischen Mengenoperationen

```
1 >>> planets = set()    # erzeuge eine leere Menge (nicht {}!)
2 >>> planets.add("Mercury")  # fuege "Mercury" hinzu
3 >>> planets.add("Earth")    # fuege "Earth" hinzu
4 >>> print(planets)
5 {'Mercury', 'Earth'}
6 >>> "Earth" in planets
7 True
8 >>> x = set()
9 >>> x.add("Mercury")
10 >>> print(planets - x)  # Mengensubtraction, alternativ mit Funktion
      difference()
11 {'Earth'}
12 >>> print(planets.intersection(x))    # Schnittmenge von {'Mercury'}
13 {'Mercury'}
```

Bedingte Anweisungen und Schleifen

6

Kontrollanweisungen wie Schleifen und bedingte Anweisungen in Python können wir verwenden, um den Ablauf unserer Skripte und Programme zu steuern. In Python stehen `if-else` Verzweigungen, `for` und `while` Schleifen zur Verfügung. Python kennt keine `switch` Verzweigung oder `do-while` Schleife, die Sie vielleicht aus anderen Programmiersprachen kennen. Aber Sie werden sie nicht vermissen müssen.

6.1 Bedingte Anweisung mit `if-else`

Eine `if-else` Verzweigung wird in Python verwendet, um Programmcode nur unter bestimmten auftretenden Bedingungen auszuführen. Eine `if` Anweisung schaut folgendermaßen aus

```
1 if condition:          # condition True oder False
2     programmcode       # eingerueckter Programmcode
3     programmcode       # der nur ausgefuehrt wird
4     programmcode       # wenn condition True ist
```

Hierbei wird der Programmcode im eingerückten Block in den Zeilen 2–4 nur ausgeführt, wenn die Bedingung in der ersten Zeile wahr ist. Möchte man auf mehr als nur eine Bedingung prüfen, können mehrere Bedingungen nach und nach über das Schlüsselwort `elif` verknüpft abgefragt werden. Mit dem Schlüsselwort `else` kann Programmcode angegeben werden, der ausgeführt wird, wenn keine der anderen Bedingungen in diesen `if-elif` Anweisungen zutrifft.

C. Schäfer, *Schnellstart Python*, essentials,
https://doi.org/10.1007/978-3-658-26133-7_6

```
1 if condition1:         # condition1 True oder False
2     programmcode1
3 elif condition2:       # condition2 True oder False
4     programmcode2      # wird ausgefuehrt wenn condition1
5     programmcode2      # False ist und condition2 True
6 else:                  #
7     programmcode3      # wird ausgefuehrt wenn
8     programmcode3      # condition1 und 2 False sind
```

6.2 Wiederholung mit `while` Schleife

Schleifen sind Kontrollstrukturen, mit denen Programmcode wiederholt ausgeführt werden kann. So wiederholt eine `while` Schleife einen Anweisungsblock iterativ solange die Schleifenbedingung gültig ist. Sie wird folgendermaßen definiert

```
1 while condition:      # condition True oder False
2     programmcode      # eingerueckter Programmcode
3     programmcode      # der so lange ausgefuehrt wird
4     programmcode      # solange die condition True ist
```

Der Interpreter prüft zuerst, ob die Bedingung in Zeile 1 wahr ist. Falls dies zutrifft, wird nacheinander der Code in den Zeilen 2–4 ausgeführt. Am Ende der Schleife springt der Interpreter wieder in Zeile 1 und prüft ob die Bedingung immer noch wahr ist und startet die Ausführung des Programmcodes in Zeile 2 entsprechend wieder. Ist die Bedingung nicht erfüllt, so springt der Interpreter hinter das Ende der Schleife. Ist diese Bedingung immer erfüllt, so sprechen wir von einer sogenannten Endlosschleife. Das einfachste Beispiel für eine Endlosschleife ist

```
1 while True:           # dieser Ausdruck ist immer wahr
2     programmcode      # folglich wird der
3     programmcode      # Programmcode endlos
4     programmcode      # ausgefuehrt
```

Mit dem Schlüsselwort `else` kann Programmcode ausgeführt werden, wenn die Schleifenbedingung nicht wahr ist

```
1 while condition:  # condition True oder False
2     programmcode1
3 else:
4     programmcode2 # wird ausgefuehrt wenn
5     programmcode2 # condition False ist
```

Hierbei wird der Code im eingerückten Block unter `else` nur ausgeführt, wenn die Bedingung nicht (oder nicht mehr) erfüllt ist. Oftmals ist es nötig eine Schleife zu beenden, bevor sie wieder komplett bis zum Ende gelaufen ist und die Schleifenbedingung neu prüft. Für diese Zwecke wird das Schlüsselwort break verwendet.

```
1 while condition1:
2     programmcode1
3     if condition2:
4         break
5     programmcode3
6 else:
7     programmcode4
```

Falls die Bedingung in der ersten Zeile erfüllt ist, wird der Programmcode programmcode1 ausgeführt. Die if Abfrage in der dritten Zeile prüft auf eine weitere Bedingung condition2. Ist diese erfüllt, wird die Schleife abgebrochen durch die break Anweisung in Zeile 4. Der Interpreter springt aus der Schleife, der Block programmcode3 und der else Block werden nicht mehr ausgeführt. Ist Bedingung condition2 während des Schleifendurchlaufs nicht erfüllt, wird der programmcode3 Block ausgeführt und die Schleife wiederholt sich so lange condition1 wahr ist und condition2 falsch. Sollte condition1 irgendwann zu Beginn eines weiteren Schleifendurchlaufs falsch ergeben, wird der else Block mit programmcode4 ausgeführt. Der else Block wird somit nur ausgeführt, wenn die break Anweisung nie getriggert wird.

6.3 Wiederholung mit for Schleife

Die for Schleife in Python iteriert über Elemente einer beliebigen Sequenz wie eine Liste oder einen Zeichenkette in der Reihenfolge der Elemente in der Sequenz.

```
1 for element in list:
2     programmcode1
```

Für jedes Element element wird der eingerückte Programmcode programmcode1 ausgeführt. Möchten wir für jeden Planeten unseres Sonnensystems einen bestimmten Programmcode ausführen, dann können wir dies mit folgender for Schleife erreichen

```
1 inner_planets = ['Mercury', 'Venus', 'Earth', 'Mars']
2 density = {'Mercury': 5.43, 'Venus': 5.24, 'Earth': 5.51, 'Mars': 3.93, '
      units': 'g/ccm'}
3 for planet in inner_planets:
4     print(planet, density[planet], density['units'])
```

Der Programmcode erzeugt folgende Ausgabe

```
1 Mercury 5.43 g/ccm
2 Venus 5.24 g/ccm
3 Earth 5.51 g/ccm
4 Mars 3.93 g/ccm
```

Der eingerückte Programmcode wird für jedes Element `planet` der Liste `inner_planets` ausgeführt. Wie bei der `while` Schleife kann auch eine `break` Anweisung die `for` Schleife frühzeitig abbrechen.

```
1 inner_planets = ['Mercury', 'Venus', 'Earth', 'Mars']
2 density = {'Mercury': 5.43, 'Venus': 5.24, 'Earth': 5.51, 'Mars': 3.93, '
      units': 'g/ccm'}
3 for planet in inner_planets:
4     print(planet, density[planet], density['units'])
5     if planet == 'Earth':
6         break
```

Die Ausgabe dieses Programmcodes endet nun nach der Erde, da die `for` Schleife vorzeitig beendet wird.

```
1 Mercury 5.43 g/ccm
2 Venus 5.24 g/ccm
3 Earth 5.51 g/ccm
```

Eine weitere wichtige Anweisung ist `continue`. Mit dieser Anweisung springt die Schleife zum nächsten Element in der Sequenz ohne den restlichen Code des Blocks auszuführen. Folgender Programmcode

```
1 for planet in inner_planets:
2     if planet == 'Earth':
3         continue
4     print(planet, density[planet], density['units'])
```

überspringt die Ausgabe für den Planet Earth und springt zum nächsten Element in der Liste. Die Ausgabe ändert sich zu

```
1 Mercury 5.43 g/ccm
2 Venus 5.24 g/ccm
3 Mars 3.93 g/ccm
```

Kurios für viele Programmierer ist der potenzielle `else` Block einer `for` Schleife.

```
1 for element in list:
2     programmcode1
3 else:
4     programmcode2
```

Hierbei wird der Programmcode im `else` Block ausgeführt wenn die Liste `list` leer ist (wir erinnern uns: eine leere Liste ist gleichbedeutend zum bool'schen Wert `False`). Da die Bedingung in der ersten Zeile auch falsch ergibt, sobald `element` das letzte Element in der Liste war, wird der `else` Block auch ausgeführt nachdem die Schleife erfolgreich durchgelaufen ist. Nur durch eine potenzielle `break` Anweisung wird die Ausführung des `programmcode2` Blocks verhindert. Da `else` Anweisungen in Verbindung mit Schleifen für die meisten Programmierer ungewohnt sind, findet man sie in der Praxis selten.

Funktionen

7

Eine Funktion in Python ist eine Art Routine oder Prozedur, die eine bestimmte Aufgabe ausführt. Eine Funktion kann Funktionsargumente benötigen, die der Funktion beim Aufruf übergeben werden. Darüber hinaus kann eine Funktion auch Rückgabewerte haben. Zum Beispiel ist der Rückgabewert der `sin` Funktion aus dem `math` Modul der Sinus des Funktionsarguments, mit dem die Funktion aufgerufen wird.

7.1 Built-in Functions – eingebaute Funktionen

Python besitzt einige eingebaute Funktionen, die in jedem Python-Programm zur Verfügung stehen. Wir haben davon bereits die `id()` und `type()` Funktion kennen-gelernt. Weitere Funktionen wie `str()` dienen zur Typkonvertierung zwischen verschiedenen Objekten. Die Anzahl der eingebauten Funktionen variiert je nach Pythonversion und beträgt derzeit (Version 3.7) 69. In Tab. 7.1 sind die wichtigsten aufgeführt.

7.2 Deklaration von Funktionen

Funktionen werden mit dem Schlüsselwort `def` gefolgt von dem eindeutigen Funktionsnamen deklariert:

```
1 def functionname(arguments):
2     # indented code block
3     #
4     return # optional return statement
```


C. Schäfer, *Schnellstart Python*, essentials,
https://doi.org/10.1007/978-3-658-26133-7_7

Tab. 7.1 Eine Auflistung der wichtigsten bereits eingebauten Funktionen

Funktion	Argument	Rückgabewert
`abs()`	Integer, Float	Absolutbetrag des Arguments
`bin()`	Integer	Konvertiert das Argument in einen binären String mit Prefix '0b'
`dict()`	Iterierbares Objekt	Konvertiert das Argument in ein Dictionary
`float()`	Zahl oder Zeichenkette	Konvertiert das Argument in ein Fließkommazahl-Objekt
`id()`	Objekt	Gibt den Integer Wert Identität des Objekts zurück
`int()`	Zahl oder Zeichenkette	Konvertiert das Argument in ein Integer-Objekt
`input()`	String	Gibt den String des Arguments auf der Standardausgabe aus und liest eine Zeile aus der Standardeingabe, die in einen String konvertiert wird, wobei das Zeilenvorschubzeichen entfernt wird. Gibt schließlich den String zurück
`len()`	Sequenz-Objekt	Anzahl der Elemente im Objekt
`max()`	Sequenz-Objekt oder zwei Zahlen	Gibt das größte der Argumente zurück
`min()`	Sequenz-Objekt oder zwei Zahlen	Gibt das kleinste der Argumente zurück
`open()`	Datei	Öffnet das Funktionsargument als Dateiobjekt
`print()`	Objekt(e)	Druckt beliebig viele Werte aus
`set()`	Iterierbares Objekt	Konvertiert das Argument in ein `set` Objekt
`tuple()`	Iterierbares Objekt	Konvertiert das Argument in ein `tuple` Objekt
`type()`	Objekt	Gibt den Objekt-Typ des Funktionsarguments zurück
`zip()`	Iterierbares Objekt	Gibt ein iterierbares Objekt von Tupeln zurück

In Klammern stehen hierbei die Funktionsargumente. Die Funktion kann optional einen Rückgabewert haben, der mit dem Schlüsselwort `return` angegeben wird. Im Unterschied zu anderen Programmiersprachen wie zum Beispiel `C`, kann eine Python-Funktion mehrere Rückgabewerte haben. Im folgenden Programmtext verwenden wir die Funktion `calculate_density`, um die Dichte eines sphärischen Objektes aus dessen Radius und dessen Masse zu berechnen. Wir wollen damit die Dichte der Erde berechnen.

```
1  #!/usr/bin/env python
2  # -*- coding: utf-8 -*-
3
4  import math   # dies benoetigen wir, um auf math.pi zuzugreifen
5
6  # unsere Funktion zur Berechnung der Dichte rho
7  def calculate_density(radius, mass):
8      volume = 4./3 * math.pi * radius**3  # volume ist nur
9      if volume > 0:                       # im Funktionskontext
10         rho = mass/volume                # verfuegbar
11     else:
12         rho = 0.0   # make sure rho exists
13     return rho
14
15 # Radius und Masse der Erde in SI Einheiten
16 R_earth = 6.371e6    # in m
17 M_earth = 5.972e24   # in kg
18
19 # Funktionsaufruf
20 rho = calculate_density(R_earth, M_earth)
21 print("Die Dichte der Erde ist %g kg/m^3" % rho) # Ausgabe der Dichte
```

Die Funktion `calculate_density` erwartet die beiden Argumente `radius` und `mass` und gibt ein Objekt der Klasse `float` zurück, das den Wert der berechneten Dichte enthält. Mit der `print`-Funktion geben wir die Dichte auf dem Terminal aus. Die innerhalb der Funktion deklarierte Variable `volume` ist nur in der Funktion verfügbar und nicht im globalen Kontext. Der Funktionsname ist eine Referenz auf die Funktion und wir können somit auch mehrere Funktionsnamen für eine einzige Funktion verwenden. Wenn wir folgende Zeilen an das obere Skript anhängen

```
1 berechne_dichte = calculate_density
2 dichte = berechne_dichte(R_earth, M_earth)
3 print("Die Dichte der Erde ist %g kg/m^3" % dichte) # Ausgabe der Dichte
```

erhalten wir zweimal die Ausgabe der Dichte.

7.3 Globale und lokale Variablen

Bei der Programmierung von Funktionen muss auf den Geltungsbereich der Variablen geachtet werden. Nehmen wir an, es existiert bereits eine Variable `rho` außerhalb der Funktion `calculate_density`

```
1  #!/usr/bin/env python
2  # -*- coding: utf-8 -*-
3
4  import math   # dies benoetigen wir, um auf math.pi zuzugreifen
5
6  # unsere Funktion zur Berechnung der Dichte rho
7  def calculate_density(radius, mass):
8      volume = 4./3 * math.pi * radius**3
9      if volume > 0:
10         rho = mass/volume
11     else:
12         rho = 0.0   # make sure rho exists
13     return rho
14
15 # Radius und Masse der Erde in SI Einheiten
16 R_earth = 6.371e6    # in m
17 M_earth = 5.972e24   # in kg
18
19 # Dichte des Mondes
20 rho = 3.34e3
21 # Funktionsaufruf
22 rho = calculate_density(R_earth, M_earth)
23 print("Die Dichte der Erde ist %g kg/m^3" % rho) # Ausgabe der Dichte
```

Durch den Rückgabewert der Funktion `calculate_density` wird ein neues Objekt `rho` erzeugt und die Dichte des Mondes somit durch die Dichte der Erde ersetzt. Interessanterweise kann auf alle Variablen des globalen Geltungsbereichs in Funktionen lesend zugegriffen werden. Dies bedeutet, wir hätten unsere Dichteberechnungsfunktion auch folgendermaßen schreiben können

```
1  #!/usr/bin/env python
2  # -*- coding: utf-8 -*-
3
4  import math   # dies benoetigen wir, um auf math.pi zuzugreifen
5
6  # unsere Funktion zur Berechnung der Dichte rho ohne Funktionsargumente
7  def calculate_density():
8      volume = 4./3 * math.pi * R_earth**3
9      if volume > 0:
10         rho = M_earth/volume
11     else:
12         rho = 0.0   # make sure rho exists
13     return rho
14
15 # Radius und Masse der Erde in SI Einheiten
16 R_earth = 6.371e6    # in m
17 M_earth = 5.972e24   # in kg
18
19 # Funktionsaufruf
20 rho = calculate_density()
21 print("Die Dichte der Erde ist %g kg/m^3" % rho) # Ausgabe der Dichte
```

Mit dem Schlüsselwort `global` kann darüber hinaus auch schreibend auf Variablen aus dem globalen Kontext zugegriffen werden. Wird hingegen versucht auf eine globale Variable schreibend zuzugreifen, wird die Variable lokal in der Funktion erzeugt. Dies erlaubt uns, die Funktion sogar ohne Rückgabewert aufzusetzen

```
1  #!/usr/bin/env python
2  # -*- coding: utf-8 -*-
3
4  import math    # dies benoetigen wir, um auf math.pi zuzugreifen
5
6  # unsere Funktion zur Berechnung der Dichte rho ohne Funktionsargumente
7  # und ohne Rueckgabewert
8  def calculate_density():
9      global rho
10     volume = 4./3 * math.pi * R_earth**3
11     if volume > 0:
12         rho = M_earth/volume
13     else:
14         rho = 0.0    # make sure rho exists
15
16 # Radius und Masse der Erde in SI Einheiten
17 R_earth = 6.371e6    # in m
18 M_earth = 5.972e24   # in kg
19
20 # Funktionsaufruf ohne Argumente und ohne Rueckgabewert
21 calculate_density()
22 print("Die Dichte der Erde ist %g kg/m^3" % rho) # Ausgabe der Dichte
```

Wie Sie beim Ausführen erkennen, erhalten Sie dasselbe Ergebnis wie mit den beiden vorherigen Versionen. Die erste Version unserer Dichteberechnungsfunktion sollte jedoch klar den Vorzug bei der Programmierung erhalten. Hier ist die Schnittstelle zwischen dem Hauptprogramm und der Funktion klar definiert über Funktionsargumente und Rückgabewerte und es werden nicht versehentlich Variablen aus dem globalen Kontext in der Funktion überschrieben. Darüber hinaus ist durch die Funktionsargumente auch für andere Programmierer leicht ersichtlich, welche Variablen die Funktion benötigt. Dies erzeugt automatisch eine bessere Übersichtlichkeit und verdeutlicht die Abhängigkeiten. Globale Variablen sollten im speziellen nur für konstante Größen wie Naturkonstanten oder ähnlichem verwendet werden.

7.4 Iteratoren und Generatoren, funktionale Programmierung

Iteratoren und Generatoren erlauben die funktionale Programmierung mit Python. Iteratoren sind Objekte, über deren Elemente iteriert werden kann. Damit über Elemente eines Objektes iteriert werden kann, muss es ein sogenanntes iterierbares Objekt sein, das die Funktion `next()` und iter() implementiert hat. Listen und Tupel sind bereits bekannte iterierbare Objekte.

```
1  >>> inner_planets = ['Mercury', 'Venus', 'Earth', 'Mars']   # eine Liste
2  >>> my_iter = iter(inner_planets) # my_iter ist ein Iterator
3  >>> type(my_iter)
4  <class 'list_iterator'>
5  >>> print(next(my_iter)) # der die Methode next bereit stellt
6  Mercury
7  >>> print(next(my_iter))
8  Venus
9  >>> print(next(my_iter))
10 Earth
11 >>> print(next(my_iter))
12 Mars
13 >>> print(next(my_iter)) # am Ende der Liste
14 Traceback (most recent call last):
15   File "<stdin>", line 1, in <module>
16 StopIteration
```

Am Ende der Iteration liefert die `next` Funktion `StopIteration`, welches zum Beispiel einer `for`-Schleife das Signal gibt, die Iteration zu beenden.

Generatoren sind spezielle Funktionen, die es erlauben Iteratoren auf einfache Art und Weise zu erzeugen. Eine Funktion berechnet einen oder mehrere Werte und gibt diese zurück. Im Gegensatz hierzu gibt ein Generator keinen Wert zurück, sondern erzeugt einen Iterator, der eine Kette an Daten zurückgeben kann. Das zu `return` äquivalente Schlüsselwort in einem Generator ist `yield`. Folgendes Skript implementiert einen simplen Generator

```
1  #!/usr/bin/env python3
2  # -*- coding: utf-8 -*-
3
4  # simplest generator ever
5  def planet_generator():
6      yield "Mercury"
7      yield "Venus"
8      yield "Earth"
9      yield "Mars"
10
11 inner_planets = planet_generator()
12 print(type(inner_planets))
13
14 for planet in inner_planets:
15     print(planet)
```

Wenn Sie das Skript aufrufen, erhalten Sie folgende Ausgabe

```
1 <class 'generator'>
2 Mercury
3 Venus
4 Earth
5 Mars
```

Unser Generator `inner_planets` erlaubt die Iteration mittels der `for`-Schleife. Er merkt sich den aktuellen Status und gibt den jeweils neuen Wert bei einem erneuten Aufruf zurück. Die Schleife bricht automatisch ab, sobald das Signal `StopIteration` auftritt. Dieses etwas akademische Beispiel dient nur zur Veranschaulichung der prinzipiellen Funktionsweise eines Generators. In der Praxis werden Generatoren dazu verwendet, den Speicherverbrauch zu optimieren. Bei unserem Beispiel werden die jeweiligen Zeichenkette für die Planeten erst beim Durchlaufen der Schleife erzeugt. Stellen Sie sich hier nun alternativ nicht eine Auflistung von Planeten vor, sondern eine riesige Datei, die nicht vollständig in den Speicher geladen werden kann. Ein Generator kann dann dazu dienen, diese Datei nur zeilenweise einzulesen und zu bearbeiten.

Ein weiteres Beispiel, um den Zusammenhang zu erläutern, sind die folgenden beiden Implementierungen, die Dichte der inneren Planeten zu berechnen. Python ermöglicht es ähnlich zur Listen-Abstraktion auch einfache Generatoren zu erzeugen durch die Verwendung von normalen Klammern `()`

```
1  #!/usr/bin/env python3
2  # -*- coding: utf-8 -*-
3
4  import math  # for pi
5
6  # list of tupels with Radius and Mass for inner planets
7  radius_mass = [ (2440e3, 3.301e23), (6503e3, 4.867e24), (6370e3, 5.972e24),
       (3390e3, 6.39e23) ]
8
9  # using list comprehension
10 densities = [ m/(4./3*math.pi * r**3) for (r, m) in radius_mass ]
11 print(type(densities))
12 print(densities)
13
14 # using generator function
15 densities = ( m/(4./3*math.pi * r**3) for (r, m) in radius_mass )
16 print(type(densities))
17 for rho in densities:
18     print(rho)
```

Wenn Sie das Skript ausführen, erhalten Sie folgende Ausgabe

```
1 <class 'list'>
2 [5424.84627512545, 4225.046323416284, 5515.855657405862, 3915.7337493683085]
3 <class 'generator'>
4 5424.84627512545
5 4225.046323416284
6 5515.855657405862
7 3915.7337493683085
```

Im ersten Fall wird durch eine Listen-Abstraktion (list comprehension) in Zeile 10 eine neue Liste densities erzeugt, deren Werte berechnet werden. Diese Liste liegt bereits im Speicher. Die Implementierung mittels der Generator-Funktion in Zeile 15 erzeugt einen Generator, der erst beim Aufruf in der for-Schleife den Dichtewert für das jeweilige Tupel berechnet und den Speicher belegt. Stellen Sie sich nun vor, die anfängliche Liste radius_mass enthielte nicht nur vier Tupel, sondern vierzig Milliarden. Die Implementierung mittels Generator würde dann weitaus weniger Speicher benötigen.

7.5 Anonyme Funktionen mit dem Lambda-Operator

Ein weiteres Beispiel für die Unterstützung der funktionalen Programmierung in Python ist die Verwendung des Lambda-Operators. Mithilfe des Lambda-Operators können Sie anonyme, namenlose Funktionen erzeugen. Lambda-Funktionen sind in der Regel sehr kurze, einzeilige Funktionen mit nur einer Anweisung. Um eine Lambda-Funktion zu deklarieren, verwenden Sie die Syntax lambda gefolgt von den Funktionsargumenten, einem Doppelpunkt und einer einzelnen Anweisung. Das Ergebnis der Anweisung ist der Rückgabewert der Funktion. Wir können somit die Dichteberechnung aus dem letzten Kapitel auch folgendermaßen mittels Lambda-Funktion implementieren

```
1 >>> rho = lambda radius, mass: mass/(4./3*math.pi*radius**3)
```

Mit den Werten der Erde für Radius und Masse erhalten wir das gewünschte Ergebnis

```
1 >>> print(rho(6370e3, 5.972e24))
2 5515.855657405862
```

Im Regelfall werden Lambda-Funktionen für kleine, kurze Funktionen verwendet, die nur an einer Stelle in einem Programm benötigt werden und nur genau eine Aufgabe erledigen. Komplexere Funktionen, die mehrmals aufgerufen werden, sollten in der Praxis nicht durch eine Lambda-Funktion realisiert werden, sondern mittels def, Funktionskörper und gegebenenfalls einem Rückgabewert per return.

7.6 Funktionen können dekoriert werden: Dekorateure

Ein Dekorateur (englisch decorator) ist ein Python-Objekt, das dazu verwendet wird, eine Funktion, eine Methode oder eine Klassendefinition zu modifizieren. Nehmen wir an, wir wollen sicher gehen, dass unsere `calculate_density` Funktion tatsächlich nur mit Zahlen als Funktionsargument aufgerufen wird. Anstatt dies in der Funktion selbst zu prüfen, implementieren wir eine Dekorateur-Funktion, die auch für andere Funktionen verwendet werden kann.

```
1  # Dekorateur Funktion, die int und floats als Argumente sicherstellt
2  def test_for_floating_argument(f):
3      def dekorator_function(*args):
4          for value in args:
5              if type(value) != int and type(value) != float:
6                  print("Diese Funktion erwartet Zahlen als Argumente.")
7                  return -1
8          return f(*args)
9      return dekorator_function
```

Die Funktionsweise des magischen Funktionsarguments `*args` wird im nächsten Unterkapitel erläutert. Diese Dekorateur-Funktion geben wir in der Zeile vor der Funktionsdefinition von `calculate_density` mit der speziellen Dekorateur-Syntax `@` an

```
1  # unsere Funktion zur Berechnung der Dichte rho
2  # jetzt mit Dekorateur
3  @test_for_floating_argument
4  def calculate_density(radius, mass):
5      volume = 4./3 * math.pi * radius**3
6      if volume > 0:
7          rho = mass/volume
8      else:
9          rho = 0.0    # make sure rho exists
10     return rho
```

Rufen wir die Funktion jetzt mit einem Funktionsargument auf, das weder eine Integer-Zahl noch eine Fließkommazahl ist, erhalten wir die Meldung

```
1 Diese Funktion erwartet Zahlen als Argumente.
```

Mithilfe des Dekorateurs haben wir somit die ursprüngliche Funktionsweise unser Funktion modifiziert, ohne die Funktion selbst anzutasten. Darüber hinaus können wir die Dekorateur-Funktion `test_for_floating_argument` auch für andere Funktionen verwenden.

7.7 Die Funktionsargumente *args und **kwargs

Die beiden etwas magischen Funktionsargumente `*args` und `**kwargs` erlauben die Übergabe einer beliebigen Anzahl von Funktionsargumenten an eine Funktion. Die beiden Namen der Argumente sind beliebig und aus reiner Konvention wird allgemein `*args` und `**kwargs` verwendet, nur die Verwendung des Asterisk `*`, bzw. `**` ist von Bedeutung. Das Argument `*args` steht für eine beliebige Anzahl von nicht-Schlüsselwortargumenten und `**kwargs` für Schlüsselwortargumenten. Sie können verwendet werden, wenn bei der Implementierung der Funktion unklar ist, wie viel Funktionsargumente an die Funktion übergeben werden. Das Argument `*args` wird als Tupel an die Funktion übergeben. Im Beispiel aus dem letzten Abschnitt verwendeten wir `*args` in den Dekorateur-Funktion, da diese für alle Funktionen, die Integer- und Fließkommazahlen als Funktionsargument benötigen, unabhängig von der Anzahl der Argument, verwendbar sein sollte. Analog zum Schlüsselwort für nicht-Schlüsselwortargumente kann `**kwargs` für eine beliebige Anzahl von Schlüsselwort-Paaren stehen. Möchten Sie beispielsweise eine Funktion implementieren, die eine beliebige Anzahl von Werten addieren soll, kommt das magische Funktionsargument `*args` zum Einsatz

```
1  #!/usr/bin/env python
2  # -*- coding: utf-8 -*-
3
4  # Funktion, die eine beliebige Anzahl
5  # von Summanden addiert
6  def calculate_sum(*args):
7      sum = 0
8      for i in args:
9          sum = sum + i
10     print("Die Summe ist", sum)
11
12 # Aufruf mit 3 Argumenten
13 calculate_sum(1, 2, 3)
14 # Aufruf derselben Funktion mit 6 Argumenten
15 calculate_sum(1, 2, 3, 4, 5, 10)
```

Bei der Ausführung dieses Skripts erhalten Sie folgende Ausgabe

```
1 Die Summe ist 6
2 Die Summe ist 25
```

Strukturierung mit Modulen

8

Module in Python sind im Prinzip Funktionen und Objekte, die in ein Programm oder Skript eingebunden und verwendet werden können. Möchten wir zum Beispiel den Sinusfunktionswert einer Variable, so ist es nicht notwendig, eine Funktion zu implementieren, die diesen Wert berechnet, sondern wir greifen auf die im Modul `math` implementierte Funktion `sin` zurück. Genauso ist es bei größeren Programmen üblich, die einzelnen Funktionen in Module zu strukturieren und diese bei Bedarf zu laden. Von Haus aus besitzt Python umfangreiche Hilfen für allerlei Bedürfnisse in Form von Modulen. Das Analogon von Python-Modulen sind Bibliotheken (englisch libraries) in anderen Programmiersprachen wie C und C++. Module werden üblicherweise am Anfang des Programmcodes mit folgender Syntax eingebunden

```
1  #!/usr/bin/env python
2  # -*- coding: utf-8 -*-
3
4  import <module_name>
5  import <module_name> as <namespace_name> # allgemeine Syntax
6
7  import numpy  # Beispiel fuer Modul numpy
8  import numpy as np  # Beispiel fuer Modul numpy als Namespace np
```

Mit diesem Aufruf wird die gesamte Funktionalität eines Moduls importiert. Generell genügt der Befehl `import` gefolgt vom Namen des Moduls. Darüber hinaus lässt sich zusätzlich der Namensraum (englisch namespace) durch das Schlüsselwort `as` angeben. Auf den Inhalt des Moduls wird dann durch `namespacename.` zugegriffen. Wir importieren das Mathematikmodul, um den Sinuswert von $\pi/4$ zu berechnen

C. Schäfer, *Schnellstart Python*, essentials,
https://doi.org/10.1007/978-3-658-26133-7_8

```
1 #!/usr/bin/env python
2 # -*- coding: utf-8 -*-
3
4 import math
5
6 print(math.sin(math.pi/4))
```

Die Ausgabe liefert den korrekten Wert 0.7071067811865475. Wir haben somit die Funktion `sin` und den konstanten Wert von π aus dem Mathematikmodul verwendet. Gerade die Vielzahl von erhältlichen Modulen ist die Ursache für die Beliebtheit und den Erfolg von Python. Bevor man selbst eine neue Funktion implementieren möchte oder muss, ist es ratsam vorher zu suchen, ob nicht bereits ein Modul existiert, das die benötigte Funktionalität bereits bietet. Jedes Modul implementiert die beiden Funktionen `help()` und `dir()`. Die Funktion `help()` erzeugt den Hilfe- und Beschreibungstext eines Objektes, in diesem Fall des Moduls. Die Funktion `dir()` listet alle Attribute eines Objektes. So können wir alle Funktionen eines Moduls auflisten und uns Hilfe zu bestimmten Elementen anzeigen lassen

```
1 >>> import math
2 >>> dir(math)
3 ['__doc__', '__file__', '__loader__', '__name__', '__package__', '__spec__',
     'acos', 'acosh', 'asin', 'asinh', 'atan', 'atan2', 'atanh', 'ceil', '
     copysign', 'cos', 'cosh', 'degrees', 'e', 'erf', 'erfc', 'exp', 'expm1
     ', 'fabs', 'factorial', 'floor', 'fmod', 'frexp', 'fsum', 'gamma', '
     gcd', 'hypot', 'inf', 'isclose', 'isfinite', 'isinf', 'isnan', 'ldexp'
     , 'lgamma', 'log', 'log10', 'log1p', 'log2', 'modf', 'nan', 'pi', 'pow
     ', 'radians', 'remainder', 'sin', 'sinh', 'sqrt', 'tan', 'tanh', 'tau'
     , 'trunc']
4 >>> help(math.sin)
5 Help on built-in function sin in module math:
6
7 sin(x, /)
8     Return the sine of x (measured in radians).
```

Alternativ zum Einbinden mit der beschriebenen Syntax, lassen sich Module auch in den aktuellen Namensraum einbinden durch folgende, veraltete Syntax

```
1 from <module_name> import <function_name>
2 from math import sin # import die sinus Funktion in den aktuellen Namensraum
3 from math import * # importiert alle Objekte in den aktuellen Namensraum
```

Das hat den verlockenden Vorteil, dass auf die jeweiligen Elemente des Moduls ohne den Namensraum angeben zu müssen, direkt zugegriffen werden kann

```
1 >>> from math import *
2 >>> print(sin(pi/4)) # anstatt math.sin und math.pi
3 0.7071067811865475
```

und war bis vor einigen Jahren noch die gängige Praxis. Ich rate stark davon ab, Objekte ohne Namensraum zu importieren, da mittlerweile viele Objekte gleichnamige Funktionen besitzen und man beim Debuggen in unlösbare Schwierigkeiten gerät, da die eindeutige Zuweisung zum Modul nicht mehr offensichtlich ist.

8.1 Strukturierung des Codes mit eigenen Modulen

Interessant sind Module, um den eigenen Code zu strukturieren: Wir können Funktionen in Module auslagern und damit leicht in anderen Skripten und Programmen wiederverwenden. Hierzu müssen wir unsere Funktion in eine gesonderte Datei schreiben und dafür sorgen, dass diese von Python gefunden wird. Standardmäßig sucht Python im aktuellen Verzeichnis, in den Verzeichnissen von `sys.path` und in den Verzeichnissen, die in der Umgebungsvariablen `PYTHONPATH` hinterlegt sind. Im folgenden Beispiel lagern wir die Funktion zur Berechnung der Dichte in unser eigenes Modul `physics_tools` aus: Die Datei `physics_tools.py` enthält folgende Zeilen

```
1  """ Modul mit Physik Tools """
2  import math
3
4  # Berechnung der Dichte einer sphaerischen homogenen Masseverteilung der
       Masse mass und Radius radius
5  def calculate_density(radius, mass):
6      volume = 4./3 * math.pi * radius**3
7      if volume > 0:
8          rho = mass/volume
9      else:
10         rho = 0
11     return rho
```

Wir starten den interaktiven Python-Interpreter im selben Verzeichnis, in dem sich diese Datei befindet und importieren das Modul unter dem Namen `pt`. Der Interpreter generiert automatisch einen vielsagenden Hilfetext

```
1  >>> import physics_tools as pt  # import des Moduls physics_tools
2  >>> help(pt)
3  Help on module physics_tools:
4
5  NAME
6      physics_tools - Modul mit Physik Tools
7
8  FUNCTIONS
9      calculate_density(radius, mass)
10         # Berechnung der Dichte einer sphaerischen homogenen Masseverteilung
           der Masse mass und Radius radius
11         (...)
12 >>> help(pt.calculate_density)
13 Help on function calculate_density in module physics_tools:
14
15 calculate_density(radius, mass)
16     # Berechnung der Dichte einer sphaerischen homogenen Masseverteilung der
           Masse mass und Radius radius
```

Wir können jetzt auf die Funktion zur Dichteberechnung zugreifen

```
1 >>> R_earth = 6.371e6
2 >>> M_earth = 5.972e24
3 >>> print("Die Dichte der Erde betraegt %g kg/m**3" % pt.calculate_density(
      R_earth, M_earth))
4 Die Dichte der Erde betraegt 5513.26 kg/m**3
```

Größere Programme sind in der Regel immer in Module strukturiert.

8.2 Einige wichtige Module und was man damit anstellt: math os re sys

In diesem Abschnitt schauen wir auf die populärsten Module der Python Standardbibliothek und erläutern ihre Funktionalität.

Module `math` und `cmath`

Das `math` Modul, das wir bereits im letzten Abschnitt kennen gelernt haben, stellt die wichtigsten mathematischen Funktionen zur Verfügung. Da diese Funktionen im wesentlichen Wrapper-Funktionen zur jeweiligen C-Funktion des Betriebssystem sind, ist die Schnelligkeit der Berechnungen beachtlich und nicht wesentlich langsamer als in C oder Fortran. Trigonometrische Funktionen (`sin, cos, tan, asin, acos, atan, atan2`), hyperbolische Funktionen (`asinh, acosh, atanh, sinh, cosh, tanh`), sowie Exponential- und Logarithmusfunktionen (`exp, log, log2, log10, pow, sqrt`) stehen zur Verfügung. Darüber hinaus sind die üblichen mathematischen Konstanten wie Pi, die Eulersche Zahl e und Tau (`pi, e, tau`) im Modul definiert. Einige neue

Tab. 8.1 Neuere (> Python 3) Funktionen im `math` Modul

Funktion	Rückgabewert
`erf(x)`	Gibt den Funktionswert der Fehlerfunktion zurück. Neu seit 3.2
`gamma(x)`	Gibt den Funktionswert der Gammafunktion zurück. Neu seit 3.2
`gcd(i,j)`	Gibt den kleinsten gemeinsamen Teiler der Integer-Zahlen `i` und `j` zurück. Neu seit 3.5
`isclose(x,y,*, rel_tol=1e-09, abs_tol=0.0)`	Gibt `True` zurück falls die beiden Werte `x` und `y` nah beieinander liegen, ansonsten `False`. Hierbei ist rel_tol ist maximale Abstand zwischen x und y bezogen auf den größeren absoluten Wert von x und y. Diese Funktion ist sehr hilfreich, wenn Fließkommazahlen verglichen werden müssen. Neu seit 3.5
`log2(x)`	Gibt den Funktionswert des Binären Logarithmus zurück. Neu seit 3.3
`remainder(x,y)`	Gibt den Restwert der Division x/y zurück. Neu seit 3.7

Funktionen sind seit Python 3 zum Mathematikmodul hinzu gekommen und in Tab. 8.1 gelistet.

Sind die Funktionsargumente Elemente der komplexen Zahlen, greift man auf die Funktionen des Moduls `cmath` zurück. Sobald das Python Modul NumPy verwendet wird, ist das Standardmathematikmodul außen vor, da das `numpy` Modul eigene mathematische Funktionen, die NumPy-Arrays als Argument akzeptieren, implementiert.

Modul os

Das Modul `os` (Operating System) ist die Schnittstelle zum Aufruf von Betriebssystemfunktionen. Unumgänglich ist dieses Modul für Projekte, die auf mehr als nur einer Plattform wie Windows und macOS verwendet werden sollen. Der Zugriff auf Dateien auf Dateisystemebene wird durch dieses Modul komplett abstrahiert und Sie können beispielsweise Dateien kopieren, löschen oder -namen ändern ohne die jeweiligen unterschiedlichen Betriebssystembefehle zu verwenden. Dieses Modul ist sicherlich für Systemingenieure eines der wichtigsten. Einige Basisfunktionen sind in Tab. 8.2 aufgeführt. Als veranschaulichendes Beispiel der mächtigen Funktionalität des Moduls schauen wir uns folgendes Skript an, mit dem eine Datei gesucht werden soll. Als Argument der Funktion wird das oberste Verzeichnis angegeben (`/data`) und das Skript durchsucht alle Unterverzeichnisse, bis die Datei mit dem gesuchten Namen `important.data` gefunden wird. Schließlich gibt das Skript

Tab. 8.2 Objekte im `os` Modul

Funktion/Objekt	Rückgabewert
`chdir()`	Ändert den aktuellen Pfad auf das Funktionsargument
`getcwd()`	Gibt das aktuelle Arbeitsverzeichnis zurück
`getenv(key)`	Gibt den Wert der Umgebungsvariablen `key` zurück
`getpid()`	Gibt den Wert der Prozess-ID des laufenden Prozesses zurück
`mkdir(path)`	Legt ein Verzeichnis mit Namen `path` an
`name`	Beinhaltet den Namen des Betriebssystems (Linux und macOS liefert `posix`, Windows `nt`)
`putenv(key, value)`	Setzt den Wert der Umgebungsvariablen `key` auf `value`
`remove(path)`	Löscht die Datei `path`
`rmdir(path)`	Löscht das leere Verzeichnis `path`
`system(string)`	Führt den Befehl `string` in einer Subshell aus. Siehe hierzu für erweiterte Funktionalität das Modul `subprocess`
`walk(dir)`	Erzeugt einen Generator für Dateinamen aus Dreier-Tupeln `(dirpath, dirnames, filenames)` und durchläuft dabei den Verzeichnisbaum, der unter `dir` liegt. Siehe hierzu das Beispiel im Text

den Pfad zur gefundenen Datei aus. Hierbei beendet sich das Skript, sobald eine Datei mit dem gesuchten Namen gefunden wurde. Sie können das Skript als Übung so abändern, dass alle Dateien mit diesem Namen gefunden werden.

```
1  #!/usr/bin/env python
2  # -*- coding: utf-8 -*-
3  import os
4
5  def find_file(fn, path):
6      for root, dirs, files in os.walk(path):
7          for name in files:
8              if name == fn:
9                  return os.path.join(root,name)
10
11     return None
12
13 filename = "important.data"  # gesuchter Dateinamen
14 rootPath = "/data/"  # Anfangsverzeichnis, bei der die Suche startet
15
16 foundfile = find_file(filename, rootPath) # Aufruf der Funktion
17
18 if foundfile != None:   # Ausgabe bei Fund
19     print("Found the file: %s" % foundfile)
```

Modul re

Das re Modul (für regular expressions, meistens mit regex abgekürzt) stellt in Python die Methoden und Funktionen zum Arbeiten mit regulären Ausdrücken zur Verfügung. Ein regulärer Ausdruck ist ein Begriff aus der theoretischen Informatik und im Prinzip eine Zeichenkette, die mehrere Elemente einer Menge beschrieben durch bestimmte syntaktische Regeln repräsentiert. In der Programmierpraxis werden reguläre Ausdrücke meistens verwendet, um bestimmte Zeichenkettenmuster zur Suche oder zum Filtern zu definieren. Im Zusammenhang mit Big Data werden regex verwendet, um Daten zu filtern.

Modul sys

Das sys Modul bietet Funktionen und Variablen, die mit dem Python-Interpreter zusammenhängen oder die Interaktion mit ihm erlauben. Der Standardeinsatz des Moduls ist der Zugriff auf die Kommandozeilenparameter mittels sys.argv. Des Weiteren können über das Modul Informationen zu Systemeigenschaften abgerufen werden: So sind alle geladenen Module in sys.modules hinterlegt, der nach Modulen durchsuchte Pfad in sys.path und das Objekt float_info enthält Informationen über Fließkommazahlen wie die größte darstellbare Zahl und die Maschinengenauigkeit

```
1 >>> import sys
2 >>> print(sys.float_info)
3 sys.float_info(max=1.7976931348623157e+308, max_exp=1024, max_10_exp=308,
      min=2.2250738585072014e-308, min_exp=-1021, min_10_exp=-307, dig=15,
      mant_dig=53, epsilon=2.220446049250313e-16, radix=2, rounds=1)
```

Erweiterungen für Naturwissenschaftler: NumPy, SciPy, Matplotlib, pandas 9

In diesem Kapitel wollen wir die für alle Naturwissenschaftler wichtigsten Module erläutern. Eine detaillierte Beschreibung würde allerdings den Rahmen dieses *essentials* sprengen. Wir betrachten einige anschauliche Beispiele und die Grundideen der einzelnen Module.

9.1 Schnelle numerische Berechnungen mit Python: NumPy

Das Modul `numpy` ist die hilfreichste Erweiterung für Naturwissenschaftler in Python. NumPy entstand 2005 aus der Vereinheitlichung zweier verschiedener Python-Module zur schnellen Berechnung von numerischen Daten. Die wichtigste Erneuerung ist die Einführung der Datenstruktur `numpy.array`. NumPy Funktionen sind speziell auf diese neue Datenstruktur optimiert und ermöglichen Python-Skripte, deren Laufzeit in der Größenordnung von äquivalenten C- und Fortran-Programmen liegt. Sie können sich ein `numpy.array` als eine Python-Liste mit Elementen des gleichen Typs vorstellen. Dadurch, dass der Interpreter die Größe der Elemente kennt, kann er besser optimieren als im Vergleich zu den generischeren Python-Listen. Die im `numpy` implementierten Funktionen arbeiten auf dieser neuen Datenstruktur und können vektoriell mehrere Operationen durchführen. Dies führt zu der weitreichenden Verkürzung der Laufzeit.

NumPy bietet darüber hinaus viele Funktionen, die das Arbeiten mit Arrays bedeutend erleichtern. Ein Beispiel ist die Funktion `numpy.linspace`. Mit ihr wird ein NumPy-Array erzeugt, dessen Elemente äquidistant über ein bestimmtes Intervall verteilt sind. Die Funktion `np.sin` berechnet dann alle Funktionswerte der Elemente in diesem NumPy-Array und nicht nur von einem Element wie

C. Schäfer, *Schnellstart Python*, essentials,
https://doi.org/10.1007/978-3-658-26133-7_9

die vergleichbare Funktion `math.sin` aus dem `math` Modul wie im folgenden Beispiel

```
1  >>> import numpy as np
2  >>> x = np.linspace(0, 10, 100)
3  >>> print(x)
4  [ 0.          0.1010101   0.2020202   0.3030303   0.4040404   0.50505051
5  (...)
6    9.6969697   9.7979798   9.8989899  10.        ]
7  >>> print(x+1.0) # addiere zu jedem Element 1.0
8  [ 1.          1.1010101   1.2020202   1.3030303   1.4040404   1.50505051
9  (...)
10  10.6969697  10.7979798  10.8989899  11.        ]
11 >>> print(np.sin(x))
12 [ 0.          0.10083842  0.20064886  0.2984138   0.39313661  0.48385164
13 (...)
14  -0.26884313 -0.36459873 -0.45663749 -0.54402111]
15 >>> import math
16 >>> print(math.sin(x))
17 Traceback (most recent call last):
18   File "<stdin>", line 1, in <module>
19 TypeError: only size-1 arrays can be converted to Python scalars
```

Wir haben uns somit eine `for` Schleife gespart. Der Umgang mit mehrdimensionalen Arrays bildet die Basis für das Arbeiten mit NumPy. Die wesentlichen Unterschiede zwischen einer Python `list` und einem NumPy-Array sind folgende

- Die Elemente eines `numpy.array` sind alle vom selben Typ.
- Die Größe eines `numpy.array` ist fest.
- Slicing eines `numpy.arrays` erzeugt nur eine sogenannte Sicht (englisch view) und es wird immer noch auf die ursprünglichen Daten zugegriffen, die dadurch versehentlich geändert werden können. Beim Slicing einer Liste oder eines Tupels wird hingegen ein neues Objekt erzeugt. Vergleiche hierzu die Unterschiede zwischen `deep` und `shallow copy` in Abschn. 5.2.
- Der Speicherbedarf eines `numpy.arrays` ist gewöhnlich bedeutend kleiner als der einer Liste mit gleich vielen Elementen.

Da die Größe eines `numpy.arrays` bei der Erzeugung festgelegt wird, ist es in vielen Fällen effizienter zuerst eine Liste aus den späteren Elementen zu erzeugen, aus der dann ein `numpy.array` generiert wird, als Elemente jeweils zu einem bestehenden `numpy.array` hinzuzufügen:

```
1 >>> import numpy as np
2 >>> a = np.array([0,1])   # a ist ein numpy array
3 >>> id(a)
4 4514354960
5 >>> a = np.append(a, [2]) # erzeugt neues Objekt a
6 >>> id(a)
7 4391813248
8 >>> print(a)
9 [0 1 2]
10
11 >>> a = [0,1]   # a ist eine Python list
12 >>> id(a)
13 4515856968
14 >>> a.append(2)   # a bleibt dasselbe Objekt
15 >>> id(a)
16 4515856968
17 >>> print(a)
18 [0, 1, 2]
```

Im ersten Fall bei der Verwendung von `numpy.arrays` muss der Interpreter ein neues Objekt erzeugen und das alte löschen. Dies ist bedeutend langsamer als die Verwendung einer gewöhnlichen `list`, zu der ein Element hinzugefügt werden kann.

Die bereits erwähnte Funktion `linspace(start, stop, num=50, endpoint = True, retstep=False, dtype=None)` kann verwendet werden, um eindimensionale `numpy.arrays` zu erzeugen. Daneben gibt es unter anderem noch die Funktionen `logspace(start, stop, num=50, endpoint = True, base = 10.0, dtype = None)` und `arange([start,] stop[, step,], dtype = None)`

```
1 >>> np.arange(-5,5,0.1)  # erzeugt ein numpy.array mit Werten von -5 bis (
        exklusiv) 5 in gleichen Schritten von 0.1
2 array([-5.00000000e+00, -4.90000000e+00, -4.80000000e+00, -4.70000000e+00,
3      (...)
4         4.60000000e+00,  4.70000000e+00,  4.80000000e+00,  4.90000000e+00])
```

```
1 >>> np.linspace(-5,5,10) # erzeugt ein numpy.array mit 10 linear
        ansteigenden Werten zwischen -5 und (einschliesslich) 5
2 array([-5.        , -3.88888889, -2.77777778, -1.66666667, -0.55555556,
3         0.55555556,  1.66666667,  2.77777778,  3.88888889,  5.        ])
4 >>> np.linspace(-5,5,10,endpoint=False) # erzeuge ein numpy.array mit 10
        linear ansteigenden Werten zwischen -5 und (ausschliesslich) 5
5 array([-5., -4., -3., -2., -1.,  0.,  1.,  2.,  3.,  4.])
```

Mehrdimensionale NumPy-Arrays (`numpy.ndarray`) lassen sich in NumPy auf verschiedene Art erzeugen. Die Größe, die Gestalt, die Anzahl der Elemente können vom Objekt erfragt werden

```
1  >>> x = np.array([[1., 2], [3., 4]]) # erzeuge 2x2 Matrix/Array
2  >>> type(x)
3  <class 'numpy.ndarray'>
4  >>> print(x)
5  [[1. 2.]
6   [3. 4.]]
7  >>> print(x.shape) # die Gestalt des arrays
8  (2,2)
9   >>> print(x.size) # Anzahl der Elemente
10 4
11 >>> print(x.T)  # die Transponierte des Arrays
12 [[1. 3.]
13  [2. 4.]]
14 >>> print(2*x) # verdopple jedes Element
15 [[2. 4.]
16  [6. 8.]]
```

und die Gestalt der `numpy.arrays` können verändert werden

```
1 >>> x = np.arange(9) # erzeuge eindimensionalen array mit Elemente 1 bis 9
2 >>> x = x.reshape(3,3) # generiere 3x3 Matrix aus x
```

Um auf die einzelnen Elemente zuzugreifen, verwenden wir dieselbe Syntax wie bei Listen und Tupeln

```
1 >>> print(x[1]) # gib die zweite Zeile aus
2 [3 4 5]
3 >>> print(x[1][2]) # gib das letzte Element der zweiten Zeile aus
4 5
5 >>> print(x[1,2]) # gib das letzte Element der zweiten Zeile aus, bevorzugte
      Syntax
6 5
```

Die letzten beiden Zeilen sind besonders interessant: Sowohl `x[1][2]` als auch `x[1,2]` geben das selbe Element zurück. Letztere Syntax sollte aber der ersten vorgezogen werden, da der Python-Interpreter bei der ersten Variante ein temporäres Zwischenobjekt `x[1]` erzeugt, von dem dann das dritte Element zurückgegeben wird. Im Grunde geschieht folgendes

```
1 >>> tmp = x[1]
2 >>> print(tmp[2])
3 5
```

welches wiederum mehr Speicher und Rechenzeit benötigt als die Referenzierung mit `x[1,2]`.

Um weitere Funktionen zu finden, ist die NumPy-eigene Suchfunktion hilfreich. Mit der Funktion `lookfor` lässt sich die NumPy-Hilfe durchsuchen. Wenn Sie eine Fouriertransformation durchführen möchten, dann können Sie gezielt danach suchen

```
1  >>> np.lookfor('fourier')
2  Search results for 'fourier'
3  ----------------------------
4  numpy.fft.fft
5      Compute the one-dimensional discrete Fourier Transform.
6  numpy.fft.fft2
7      Compute the 2-dimensional discrete Fourier Transform
8  (...)
9  numpy.fft.irfft
10     Compute the inverse of the n-point DFT for real input.
11 numpy.fft.rfft2
12     Compute the 2-dimensional FFT of a real array.
13 numpy.fft.irfftn
14     Compute the inverse of the N-dimensional FFT of real input.
```

Es empfiehlt sich jedem NumPy Anfänger, die Grundprinzipien und das Tutorial auf der zentralen Webseite zu NumPy durchzuarbeiten.

Python allein kennt auch den Datentyp `array`, der durch das Modul `array` zur Verfügung gestellt wird. Er findet jedoch in der Praxis keine Verwendung mehr. In der Regel wird ein NumPy-Array gemeint, wenn von einem `array` gesprochen wird.

Im nächsten Abschnitt betrachten wir das Modul SciPy, das NumPy um viele mathematische Funktionen erweitert.

9.2 Für Naturwissenschaftler: SciPy

Das Modul `scipy` beinhaltet Module, Funktionen und Methoden für viele unterschiedliche Bereiche, welche in der Verarbeitung naturwissenschaftlicher Daten oder der Modellierung naturwissenschaftlicher Prozesse von Bedeutung sind. Dies beinhaltet unter anderem Lineare Algebra, numerische Integration, Signal- und Bildverarbeitung, numerische Lösung gewöhnlicher Differenzialgleichungen. Wie auch NumPy bietet SciPy genügend Inhalt für umfangreiche Bücher. Im folgenden Beispiel verwenden wir die Funktion `curve_fit` aus dem Modul `scipy.optimize`, um eine Kurve an künstlich erzeugte Daten zu fitten.

```
1  #!/usr/bin/env python
2  # -*- coding: utf-8 -*-
3  import numpy as np
4  import scipy.optimize
5  import matplotlib.pyplot as plt
6
7  def f(t, omega, phi):
8      return np.cos(omega * t + phi)
9
10 x = np.linspace(0, 3, 50)
11 y = f(x, 1.5, 1) + .1*np.random.normal(size=50)
12
13 # curve_fit returns the fit values for f
14 fits, pcov = scipy.optimize.curve_fit(f, x, y)
15
16 plt.scatter(x, y) # Plot der kuenstlichen Daten
17 plt.plot(x, f(x, *fits), c='r') # Plot der gefitteten Funktion
18 plt.xlabel('x')
19 plt.ylabel('y')
20 plt.savefig("fit.png")
```

Wir generieren uns zuerst die Funktionsargumente x über die NumPy-Funktion `linspace` und erhalten ein NumPy-Array der Länge 50 mit Werten von 0 bis 3. Dazu berechnen wir die Funktionswerte $f(x)$ und fügen ein gewisses Rauschen auf diese Funktionswerte hinzu, um unsere Testdaten zum Fitten zu generieren. Dann verwenden wir die Funktion `curve_fit` aus dem `scipy.optimize` Modul, um unsere Funktion f mit den beiden freien Parametern `omega` und `phi` an diese Daten zu fitten. Das Modul verwendet die Methode der kleinsten Quadrate, um die Fitparameter zu bestimmen. Schließlich plotten wir sowohl unsere künstlichen

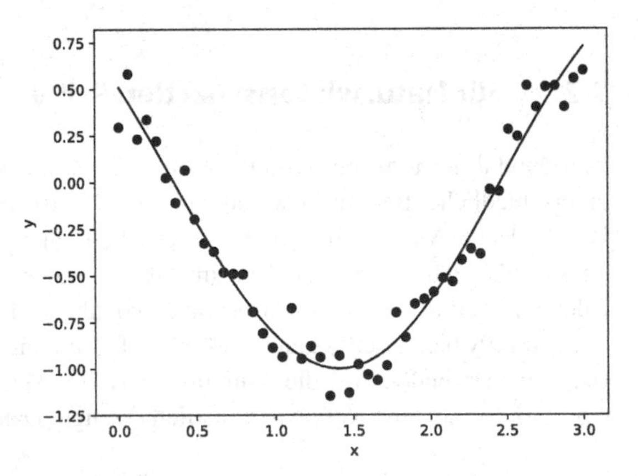

Abb. 9.1 Datenpunkte und mit Hilfe von `scipy.optimize` gefittete Funktion

Daten als auch die gefittete Kurve und speichern die Ausgabe in der Datei `fit.png`. Wenn Sie dieses Skript aufrufen, erhalten Sie eine Datei mit einem vergleichbaren Inhalt zur Abb. 9.1. Es empfiehlt sich jedem SciPy Anfänger, die Grundprinzipien und das Tutorial auf der zentralen Webseite von SciPy durchzuarbeiten.

9.3 Erstellen von Diagrammen und Grafiken mit Matplotlib

Das Modul `matplotlib` haben wir bereits in den vorherigen Abschnitten verwendet, ohne es näher zu erklären. Es ermöglicht uns mit Python zweidimensionale Diagramme und Plots von hoher Qualität zu erzeugen und in entsprechenden Formaten wie das Rasterformat `png` (portable network graphics) oder das Vektorformat `pdf` (portable document format) abzuspeichern. Wir wollen im Folgenden die Daten der Datei `planets.dat` laden und plotten. Die Datei enthält die Halbachse und Umlaufzeit der Planeten in unserem Sonnensystem spaltenweise als Fließkommazahlen

```
1  # our data
2  # planets of solar system
3  # semi-major axis [au] orbital period [yr]
4  0.38709888 0.2408467
5  0.72333199 0.61519726
6  1.00000011 1.0000174
7  1.52366231 1.8808476
8  5.20336301 11.862615
9  9.53707032 29.447498
10 19.19126393 84.016846
11 30.06896348 164.79132
```

Wir können mit der NumPy-Funktion `loadtxt` diese Daten auf komfortable Weise laden und mit der Funktion `scatter` aus dem Modul `matplotlib.pyplot` plotten.

```
1  #!/usr/bin/env python
2  # -*- coding: utf-8 -*-
3
4  import numpy as np
5  import matplotlib.pyplot as plt
6
7  # Halbachse und Umlaufzeit der Planeten aus der Datei einlesen
8  sma, period = np.loadtxt("planets.dat", unpack=True)
9
10 fig, ax = plt.subplots() # erzeuge einen Plot
11
12 ax.scatter(sma, period, label='Planeten des Sonnensystems') # scatter plot
       aus den Daten
13 ax.set_xlabel("Halbachse in AU") # Achsenbeschriftungen
14 ax.set_ylabel("Umlaufzeit in Jahren")
15
16 alpha = period[0]**2/sma[0]**3 # Kepler's third law
17
18 ax.plot(sma, (alpha * sma**3)**(1./2), c='r', ls='--', label='3. Keplersches
       Gesetz') # line plot
19 plt.grid(True) # Gitter anzeigen
20 plt.legend()
21 fig.savefig("planets.png") # Abspeichern des Plots in die Datei planets.png
```

Sie erhalten die Datei `planets.png` mit dem Inhalt analog zu Abb. 9.2. Die zusätzliche zweite, gestrichelte Kurve, sind die nach dem dritten Keplerschen Gesetz (die Quadrate der Umlaufzeiten der Planeten verhalten sich wie die Kuben ihrer Halbachsen) berechneten Umlaufzeiten für die jeweilige Halbachse. Der

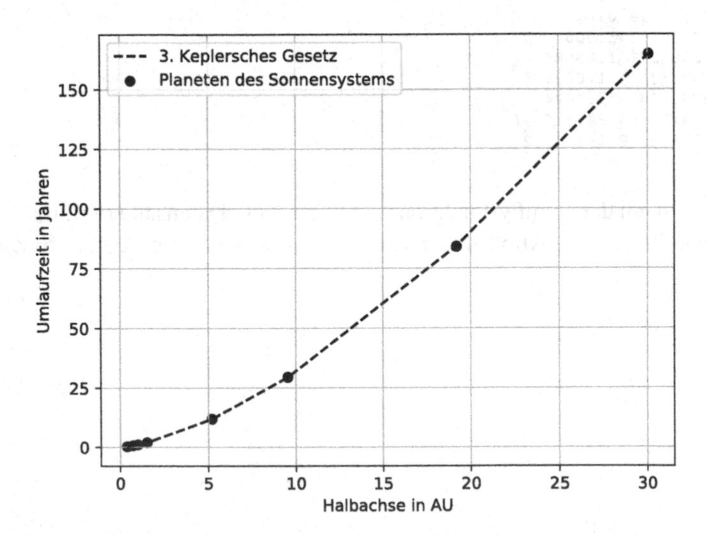

Abb. 9.2 Die Periode der Planeten im Sonnensystem als Funktion ihrer Halbachse als Datenpunkte und das 3. Keplersche Gesetz

initialisierende Aufruf ist `fig, ax = plt.subplots()` welches ein Figure- und Axes-Objekt generiert, die für die Erzeugung der Graphiken verwendet werden können. In unserem Beispiel verwenden wir das sogenannten Streudiagramm (`scatter` plot), bei dem x-y Werte als Punkte dargestellt werden und `plot` als x-y Linienplot. Die Art des Plots, die Größe der einzelnen Datenpunkte und der Linienstärke sind änderbare Parameter. Mithilfe der Matplotlib können Kurven, Histogramme, Streudiagramme, Contourplots und sogar 3D Plots generiert werden. Für Texteinsätze in den Diagrammen kann wiederum LaTeX verwendet werden. Es empfiehlt sich jedem Matplotlib Anfänger, die Grundprinzipien und das Tutorial auf der zentralen Webseite von Matplotlib durchzuarbeiten.

9.4 Big data science mit pandas

Das Modul `pandas` (Python Data Analysis Library) ist eine besondere Erweiterung von Python für die Verwaltung und Analyse von tabellarischen Daten, das wir der Vollständigkeit halber hier erwähnen wollen. Dafür erweitert das Modul die Standardbibliothek um die drei Objekte `Series`, `Dataframe` und `Panel`. Eine `Series` entspricht in etwa einem eindimensionalen NumPy-Arrays, ein `Dataframe` besteht aus zweidimensionalen Tabellen, deren einzelne Spalten und Zeilen wie `Series` Objekte bearbeitet werden können. Ein `Panel` ist schließlich eine dreidimensionale Tabelle, deren einzelne Ebenen wiederum `Dataframe` Objekte sind. Das Modul bietet besondere Funktionen zum Arbeiten mit Zeitreihendaten und deren Auswertung, das heißt Sortierfunktionen und statistische Funktionen. Sobald Sie mit sehr großen Datenmengen in Berührung kommen, könnte die Verwendung dieses Moduls interessant werden. Weitere Informationen finden Sie auf der Webseite des pandas Projekts.

Was Sie aus diesem *essential* mitnehmen können

- Sie kennen die Grundideen und Prinzipien der Programmiersprache Python.
- Sie können eigene Python-Programme entwickeln und ihr Programm in Funktionen und Module strukturieren.
- Sie können fremde Python-Skripte verstehen, nach ihren Bedürfnissen anpassen und in Ihren Programmcode integrieren.
- Sie wissen, wie sie NumPy für schnelle numerische Berechnungen mit Python einsetzen und können spezielle Funktionen für naturwissenschaftliche Anwendungen mit SciPy implementieren.
- Sie können Matplotlib zur Erzeugung von naturwissenschaftlichen Diagrammen und Grafiken verwenden.

C. Schäfer, *Schnellstart Python*, essentials,
https://doi.org/10.1007/978-3-658-26133-7

Zum Weiterlesen

Es gibt eine Vielzahl an lesenswerter Python-Literatur. Neben den Online Quellen der einzelnen Projekte Python, NumPy, SciPy, Matplotlib und pandas, sind unter anderem folgende Werke empfehlenswert

1. Steyer, Ralph. 2018. *Programmierung in Python: Ein kompakter Einstieg für die Praxis.* Wiesbaden: Springer Vieweg.
2. Johansson, Robert. 2018. *Numerical Python: Scientific Computing and Data Science Applications with NumPy, SciPy and Matplotlib.* New York City: Apress.
3. Newman, Mark. 2012. *Computational Physics.* Scotts Valley: CreateSpace Independent Publishing Platform.

C. Schäfer, *Schnellstart Python*, essentials,
https://doi.org/10.1007/978-3-658-26133-7

Printed in the United States
By Bookmasters